Burhanuddin Ichwan
Saiful Amri Mazlan
Fitrian Imaduddin

Projeto de válvula de controlo magnetoreológico modular

Burhanuddin Ichwan
Saiful Amri Mazlan
Fitrian Imaduddin

Projeto de válvula de controlo magnetoreológico modular

Utilização de estrutura de caminho de fluxo sinuoso

ScienciaScripts

Imprint

Cover image: www.ingimage.com

This book is a translation from the original published under ISBN 978-3-659-85411-8.

Publisher:
Sciencia Scripts
is a trademark of
Dodo Books Indian Ocean Ltd. and OmniScriptum S.R.L publishing group

120 High Road, East Finchley, London, N2 9ED, United Kingdom
Str. Armeneasca 28/1, office 1, Chisinau MD-2012, Republic of Moldova, Europe
Printed at: see last page
ISBN: 978-620-8-34509-9

Índice:

Para o meu pai, a minha mãe, a minha mulher e as minhas filhas

RECONHECIMENTO

Em primeiro lugar, louvores e agradecimentos a Alá, o Todo-Poderoso e o Mais Gracioso, por me ter dado as forças e a capacidade para concluir esta tese de mestrado. A minha mais profunda gratidão vai, em primeiro lugar, para o meu orientador, Assoc. Prof. Dr. Hj. Saiful Amri bin Mazlan, pela sua excelente orientação, paciência e apoio durante todo o meu estudo. Gostaria também de expressar a minha gratidão ao Instituto Internacional de Tecnologia Malásia-Japão (MJIIT) pelo apoio financeiro prestado durante o meu estudo através da bolsa de estudos do MJIIT.

Os meus sinceros agradecimentos vão também para os membros do corpo docente do MJIIT e para os colegas do laboratório de investigação Vehicle System Engineering (VSE), pela discussão estimulante e por me ajudarem a realizar os testes experimentais. Agradeço também à minha família no estrangeiro, em especial a Ubaidillah, Irfan Bahiuddin e Muhammad Yani, pela grande união no estrangeiro. Um agradecimento especial ao Dr. Fitrian Imadudin, como mentor e amigo, pela assistência amável que me ajudou a resolver os pormenores técnicos do meu trabalho e por ter lido e comentado cuidadosamente as inúmeras revisões do manuscrito desta tese. Sei que não posso mencionar todas as pessoas que me ajudaram a tornar este estudo um sucesso, mas acredito que Alá recompensará todas as boas acções que me foram dadas.

Por último, gostaria de agradecer aos meus pais, Adib Ichwan e Siti Cholifah, pelo seu amor e oração ao longo da minha vida. A minha amada esposa, Shofia Aniisa, pela sua compreensão, apoio moral e sacrifícios ao longo do estudo. Por último, mas não menos importante, às minhas filhas, Farah Aisha, Naura Hasna e Salma Hanifa, por me terem inspirado, à sua maneira, a terminar a minha tese.

RESUMO

A válvula magneto-reológica (MR) é utilizada num dispositivo MR para produzir um efeito de amortecimento sob os campos magnéticos controlados utilizando electroímanes. O desempenho chave do dispositivo MR é frequentemente determinado pelo desempenho da válvula MR na manipulação do caudal do fluido. O mais recente avanço da válvula MR introduziu a classe compacta do dispositivo com múltiplas aberturas radiais anulares para aumentar a capacidade de desempenho. No entanto, nas aplicações reais, a válvula MR com desempenho ajustável é muitas vezes preferível ao tipo de desempenho fixo. Este estudo centra-se no desenvolvimento de um novo projeto de válvula MR modular que utiliza as vantagens de múltiplas aberturas radiais anulares na estrutura do percurso do fluxo meandrante. A abordagem da configuração das folgas meandrantes foi combinada com o conceito de estrutura de válvula totalmente modular. Uma vez que a válvula MR tem um conceito modular, a classificação de desempenho da válvula também pode ser ajustada adicionando ou removendo facilmente o módulo para atender a várias classificações de quedas de pressão em diferentes aplicações. Para avaliar o desempenho da válvula, a avaliação analítica foi efectuada em três fases diferentes do módulo: o módulo de fase simples, o módulo de fase dupla e o módulo de fase tripla. O modelo de queda de pressão quase constante foi derivado para cada módulo, de modo que as caraterísticas de queda de pressão da válvula em diferentes estágios possam ser comparadas analiticamente. A simulação magnética foi realizada através de um software do Método dos Elementos Finitos Magnéticos (FEMM) para avaliar a intensidade do campo magnético na área efectiva. Os protótipos com um diâmetro total de 50 mm foram avaliados experimentalmente com a ajuda de um cilindro hidráulico numa máquina de ensaios dinâmicos, para validar os resultados da simulação. Verificou-se que o desempenho medido para o caudal constante de 45,0 $ml.s^{-1}$, foi de 1,38, 2,00 e 2,89 MPa no módulo de fase única, no módulo de fase dupla e no módulo de fase tripla, respetivamente. Em geral, os resultados da avaliação do desempenho demonstraram a eficácia da válvula MR modular de vários estágios no aumento da queda de pressão alcançável.

CAPÍTULO 1

INTRODUÇÃO

1.1 Introdução

O fluido magnetoreológico (MR) é um tipo de fluido inteligente que é reologicamente sensível ao campo magnético. O fluido MR é muito reativo ao campo magnético, com um tempo de resposta estimado em menos de 10 ms [1], e tem a capacidade de passar do estado líquido newtoniano para um estado semi-sólido não-newtoniano com um consumo de energia relativamente baixo. Os fluidos MR são suspensões líquidas compostas por partículas magnéticas (por exemplo, partículas de ferro), tipicamente da ordem de 1-10 |im de diâmetro, dispersas em líquido [2], de modo a que as propriedades reológicas da suspensão possam ser modificadas por um campo magnético. Na condição em que nenhum campo magnético é induzido (condição de estado desligado), o fluido MR comporta-se como um fluido newtoniano onde as caraterísticas de fluxo do fluido são altamente determinadas pela viscosidade do fluido. No entanto, na ocorrência de um campo magnético (condição de estado ligado), o comportamento reológico do fluido MR altera-se devido à interação entre partículas, o que aumenta a tensão de corte do fluido, variável em função da intensidade do campo magnético [3].

O fluido foi introduzido pela primeira vez pela embraiagem magnética de Rabinow em 1948 [4] e ganhou popularidade desde que entrou no mercado automóvel. O fluido MR é muito reativo ao campo magnético, com um tempo de resposta estimado em menos de 10 ms [5], e requer uma potência relativamente baixa para funcionar. As vantagens do fluido MR suscitaram grande interesse no desenvolvimento de dispositivos baseados em MR numa vasta gama de aplicações, tais como aplicações civis [6,11,57-60], aplicações médicas [7,9,10,61,62] e aplicações automóveis [8,49-57]. A simplicidade e a compacidade da conceção são algumas das vantagens excepcionais oferecidas pelos dispositivos de RM, como foi demonstrado em aplicações protésicas baseadas em RM [9] e em dispositivos hápticos [10].

No caso específico dos dispositivos de válvula MR, foram desenvolvidos muitos tipos e classes de válvulas MR para diversos fins. Uma das primeiras concepções de uma válvula MR autónoma foi proposta por Kordonski et al. [44], posteriormente desenvolvida por Gorodkin et al. [45]. Um conceito mais simples de válvula MR anular foi proposto por Yokota et al. [12], que consiste num canal de fluxo anular e numa bobina electromagnética instalada adjacente ao canal de fluxo. O conceito foi melhorado por Yoshida et al. [13], propondo uma válvula de RM anular de três portas utilizando um íman permanente. Simultaneamente, foi proposta uma válvula de RM anular à mesoescala (diâmetro exterior inferior a 25 mm) utilizando bobinas duplas internas com direção de fluxo contrário [14]. Enquanto o avanço da válvula MR anular era continuamente explorado, Wang et al. [15] começaram a discutir sobre a válvula MR radial a ser aplicada em amortecedores sísmicos de grande escala na configuração de bypass. A vantagem da válvula MR radial em relação à válvula MR anular em termos de queda de pressão nominal, bem como a vantagem da configuração da válvula MR de derivação externa. A comparação do desempenho do projeto da válvula MR também foi realizada com a avaliação do desempenho das válvulas MR do tipo anular e do tipo orifício [16]. A discussão sobre os tipos de válvulas MR foi alargada por Ai [17] e Wang et al. [18] através de um projeto de válvula MR com percursos de fluxo anulares e radiais. Na sua conceção, ambos os tipos de canais de resistência são utilizados numa válvula MR para aumentar a força de resistência no estado, mantendo o tamanho da válvula e o consumo de energia. Para tornar uma válvula MR mais aplicável a aplicações hidráulicas gerais, Yoo e Wereley [14] apresentam a instalação de múltiplas válvulas MR em configuração de ponte H para acionar um cilindro hidráulico. O trabalho foi depois seguido por John et al. [19] com a versão integrada da válvula MR em ponte H e por Sallom e Samad [20] com a introdução de uma válvula MR de 4/3 vias.

Apesar do longo avanço e da variedade de tipos de válvulas MR que foram desenvolvidos, a flexibilidade de cada projeto de válvula MR para ser redimensionada de forma fácil, rápida e económica continua a ser um desafio. A maioria das válvulas MR é concebida para ser utilizada especificamente numa gama fixa de funcionamento. Assim, para servir outras aplicações que requerem uma gama diferente de operações, o projeto deve ser modificado significativamente, o que exige mais recursos para a sua execução. Um novo tipo de válvula MR capaz de responder ao desafio será genérico para tornar a válvula MR mais viável comercialmente, onde a facilidade de utilização e o custo são alguns dos factores críticos a considerar.

1.2 Motivação do estudo

O desempenho da válvula MR é altamente determinado pela geometria do canal de fluxo no interior da válvula. Inicialmente, a válvula MR tem apenas um tipo de canal de fluxo de fluido, designado por canal de fluxo de fluido anular. A abordagem para aumentar o desempenho da válvula (ou seja, a queda de pressão) é geralmente efectuada através do aumento do tamanho da válvula e do consumo de energia da válvula MR, o que dificulta a miniaturização da válvula MR. A abordagem diferente, optimizando o fluxo magnético e a estrutura, também permite aumentar a eficiência de estrangulamento da válvula MR. A válvula MR anular optimizada com uma dimensão inferior a 50 mm de diâmetro demonstrou a capacidade de atingir uma queda de pressão superior a 1,5 MPa a um caudal de 40 $ml.s^{-1}$ [14]. Para melhorar o desempenho da válvula MR, Ai [17] propôs um projeto de válvula MR que possui canais de fluxo de fluido anulares e radiais. O desempenho da válvula anular e radial demonstra um desempenho ainda melhor do que o da válvula concebida apenas com um canal de fluxo anular, sem aumentar o tamanho e a potência, de acordo com a avaliação comparativa experimental efectuada por Wang et al. [18]. Resultados semelhantes foram também confirmados por Nguyen et al. [21], no entanto, uma vez que a conceção atual utiliza apenas um par de canais de escoamento anulares e radiais, a área total efectiva é ainda muito reduzida. Assim, a queda de pressão que pode ser alcançada também é limitada.

Para aumentar a área efectiva total, Imaduddin [22] desenvolveu uma válvula de RM compacta com uma combinação de múltiplas vias de fluxo anular e radial. A área efectiva é uma área onde as propriedades reológicas do fluido MR podem ser reguladas eficazmente pela ativação do campo magnético. A tensão de cedência do fluido MR pode ser aumentada através do aumento da densidade do fluxo magnético. No entanto, a densidade do fluxo magnético está altamente relacionada com a intensidade do campo magnético da bobina e com a permeabilidade do material magnético utilizado como meio. Se a utilização de material de alta permeabilidade for dispensada, as consequências comuns do aumento da densidade do fluxo magnético são o aumento da dimensão da bobina, o que leva a uma maior dimensão da válvula de RM, e uma maior potência de entrada [22]. De acordo com os trabalhos mais recentes, a válvula MR com múltiplas trajectórias de fluxo anulares e radiais é capaz de manter a dimensão da válvula em 50 mm de diâmetro, mas tem uma queda de pressão alcançável superior a 2,5 MPa.

Independentemente dos sucessos alcançados no aumento da queda de pressão alcançável da válvula MR, ainda é necessário um grande esforço para melhorar o projeto em termos de flexibilidade de tamanho para satisfazer os requisitos de várias aplicações. Na perspetiva comercial, um produto com desempenho flexível é por vezes mais preferível do que um produto de elevado desempenho mas com especificações rígidas. Frequentemente, o redimensionamento do projeto para satisfazer a procura de diferentes aplicações pode ser ineficiente em termos de processo de fabrico devido à necessidade de peças personalizadas que influenciam diretamente o custo da válvula. Por outro lado, a fabricação em massa de peças que podem atender a várias demandas de aplicação é mais barata e mais eficiente. Por conseguinte, neste estudo, é proposto um novo projeto de uma válvula MR multiestágio e totalmente modular que incorpora aberturas anulares e radiais para responder às necessidades de equilíbrio entre a flexibilidade de desempenho e a capacidade de classificação da queda de pressão.

1.3 Objectivos da investigação

Este estudo tem vários objectivos, a saber

a. Para modelar o comportamento da válvula MR modular de vários estágios através de simulação e estimativa da queda de pressão.

b. Desenvolver um novo conceito de uma válvula MR modular multiestágio baseada em fenda anular-radial com estrutura de percurso de fluxo sinuoso.

c. Para avaliar o desempenho da válvula MR modular de vários estágios com relativamente à adição de módulos através de ensaios experimentais utilizando um equipamento de ensaio dinâmico.

1.4 Âmbito da investigação

Nesta investigação, será investigada uma nova conceção de uma válvula MR. O projeto é proposto para simplificar a conceção da válvula MR num conceito modular. Para manter a queda de pressão alcançável com um limite de estado elevado, a válvula MR utiliza as múltiplas folgas anulares e radiais que formam uma estrutura de percurso de fluxo sinuoso. Nesta tese, a capacidade de desempenho da válvula MR proposta foi examinada através da análise quase estável do modelo recentemente derivado da válvula MR. A previsão da intensidade do campo magnético da bobina electromagnética e a análise do circuito magnético são realizadas através da análise de elementos finitos (FEA) utilizando o software Finite Element Method Magnetics (FEMM). O desempenho possível da válvula MR é avaliado apenas em termos do valor da queda de pressão como uma função variável da magnitude da corrente de entrada e do caudal do fluido. Além disso, esta tese também abrange a medição experimental da perda de carga em termos do desempenho da válvula MR. A experiência é realizada utilizando a célula de teste da válvula MR para fixar a válvula MR num teste de máquina dinâmico de fadiga. A medição abrange vários parâmetros variáveis, ou seja, caudal, carga de entrada de corrente na bobina, com temperatura constante. A fim de limitar o âmbito das discussões, o desempenho da válvula MR em condições transitórias não é discutido nesta tese. Quaisquer efeitos térmicos devidos à dissipação de energia na válvula são também negligenciados, bem como a questão da durabilidade do fluido MR durante as avaliações.

1.5 Importância da investigação

A importância desta investigação reside principalmente no avanço do projeto da válvula MR, especialmente no que diz respeito à melhoria da queda de pressão máxima que pode ser alcançada através do novo projeto totalmente modular da válvula MR, enquanto outra está relacionada com a modificação das caraterísticas de queda de pressão da válvula com o número de módulos.

Os significados desta investigação são resumidos da seguinte forma:

a. Este estudo demonstrará uma nova forma de conceber uma válvula MR num sistema totalmente configuração modular.

b. O modelo matemático genérico válido de uma válvula MR modular que pode ser utilizado para prever a perda de carga da válvula MR totalmente modular em quaisquer configurações, espera-se que seja útil como ferramenta de projeto para fazer um dimensionamento inicial.

1.6 Esboço da tese

Esta tese está organizada em cinco capítulos. Cada capítulo desta tese termina com um breve resumo que descreve as realizações e as conclusões que foram estabelecidas no capítulo. O esquema da presente proposta está organizado da seguinte forma

Capítulo 2: A base teórica, que abrange as propriedades do MR fluido, o conhecimento básico da válvula MR e os recentes avanços das válvulas MR, bem como as aplicações das válvulas MR.

Capítulo 3: A conceção concetual da nova válvula MR com estrutura sinuosa explica os procedimentos de simulação magnética relacionados com o desenvolvimento da conceção da válvula MR e a derivação do modelo em estado estacionário, bem como a previsão do desempenho da nova válvula MR em relação a diversas variáveis dependentes.

Chapter 4: r: A conceção do protótipo da nova válvula MR descreve em conjunto Com a descrição do procedimento de avaliação experimental, os resultados foram elaborados em termos de validação entre o previsto e o medido da perda de carga atingível, a análise e discussão dos resultados experimentais em termos de avaliação da linha de tendência da perda de carga na presença da adição do módulo.

Chapter 5: e: As conclusões e os destaques da contribuição alcançada com são apresentadas recomendações de melhoria para o trabalho futuro.

CAPÍTULO 2

REVISÃO DA LITERATURA

2.1 Introdução

Este capítulo fornece uma visão geral dos fluidos magnetoreológicos (MR) e das válvulas MR, de modo a compreender melhor a ideia principal apresentada nesta investigação. A primeira parte deste capítulo apresenta algumas das principais questões relacionadas com o comportamento dos fluidos MR. A segunda parte do capítulo explica as propriedades dos fluidos MR. O modo de funcionamento básico dos fluidos MR é apresentado na terceira parte do capítulo. A quarta parte descreve a válvula magnetoreológica como um dispositivo, incluindo o mecanismo básico e os avanços na conceção, e explica também os diferentes tipos de válvula MR. A parte final deste capítulo apresenta uma panorâmica geral.

2.2 Fluido magnetoreológico

Um fluido MR é um fluido viscoelástico que está contido em suspensão na fase não coloidal [23]. O domínio da suspensão na fase não coloidal não é homogéneo nem multi-domínio, estimando-se que o tamanho do componente principal seja de cerca de 0,05 - 10 pm. As partículas componentes são distribuídas sem decantação para evitar a sedimentação das partículas no fundo do líquido devido ao efeito da gravidade. O fluido MR é feito a partir de uma mistura do líquido de base, partículas ferrosas de tamanho micrónico e alguns aditivos, de forma a ter propriedades reológicas muito sensíveis aos campos magnéticos [24-26]. A transformação do fluido MR do estado líquido para o estado semi-sólido é reversível, com uma resposta de transição muito rápida, estimada em menos de 10 ms [5,24,27]. Quando o fluido é sujeito a um campo magnético, as partículas de ferro comportam-se como dipolos e começam a alinhar-se ao longo dos fluxos magnéticos, como se mostra na Figura 2.1. As partículas no interior do fluido MR ficam presas entre os pólos magnéticos, pelo que o movimento do fluido é restringido por cadeias de partículas, aumentando assim a viscosidade. Consequentemente, a viscosidade do fluido MR pode ser modificada magneticamente e é capaz de mudar de um estado líquido para um sólido viscoelástico, dependendo da força do campo magnético [28-30].

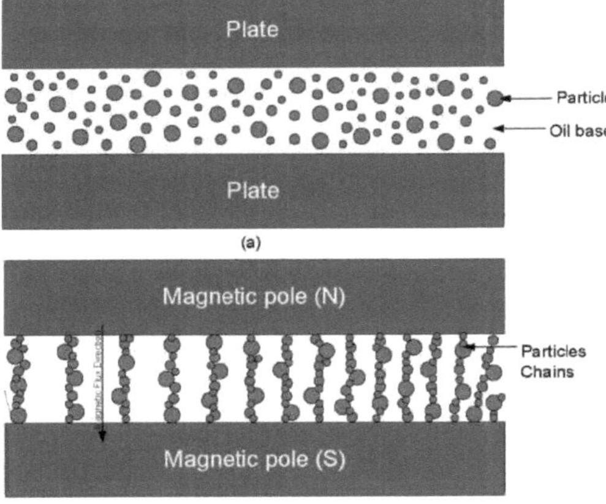

Figura 2.1 Partículas magnéticas no fluido MR (a) sem campo magnético, (b) com campo magnético [31].

A resposta reológica controlável de tais fluidos resulta da polarização induzida nas partículas em suspensão pela aplicação de um campo magnético externo. A interação entre os dipolos induzidos faz com que as partículas formem estruturas colunares paralelas ao campo aplicado. As estruturas em forma de cadeia restringem o fluxo do fluido, aumentando assim a caraterística viscosa da suspensão. A energia mecânica necessária para produzir estas estruturas em cadeia aumenta à medida que o campo magnético aplicado aumenta e resulta numa tensão de cedência dependente do campo. Na ausência de um campo aplicado, os fluidos controláveis apresentam um comportamento do tipo newtoniano [1,5,23].

2.3 As propriedades do fluido MR

2.3.1 Composição do fluido de RM

Os fluidos MR são constituídos por um fluido de base, partículas magnéticas e aditivos estabilizadores. A alteração das propriedades reológicas de um fluido MR é normalmente indicada por uma alteração da tensão de cedência, que depende muito dos materiais constituintes [1,25]. O fluido de base é o fluido portador e combina naturalmente caraterísticas de lubrificação e amortecimento. As partículas metálicas produzem o efeito de fluido MR, aumentando a resistência ao fluxo através do aparecimento de uma estrutura semelhante a uma cadeia na presença de um campo magnético. Os aditivos são componentes com várias funções, tais como modificar a fricção e melhorar a estabilidade anti-corrosão e de sedimentação das partículas. Todos os três componentes definem o comportamento magnetorheológico do fluido MR. As propriedades do fluido MR comercial envolvido neste estudo são apresentadas na Tabela 2.1. A tabela da folha de dados para as caraterísticas do fluido MR foi retirada da Lord Corporation [32-34].

Tabela 2.1: Caraterísticas do fluido de RM comercial [1].

Caraterísticas	Fluido MR comercial
Viscosidade *(Pa. s-1 @* 400C)	0.1 - 0.3
Teor de sólidos (%)	70 - 85
Densidade *(g/cm3)*	2.0 - 3.74
Ponto de inflamação (C0)	> 150
Temperatura de funcionamento *(C°)*	(-40) *a* (130)
Tensão de cedência máxima *(kPa)*	Até 100
Tamanho das partículas *(gm)*	1 a 10
Material	Ferro, ferrites
Fluido de transporte	Óleo sintético, óleo sintético de hidrocarbonetos.

Os materiais preferidos para o fluido de base são geralmente óleos de silicone, querosene, óleos sintéticos e óleos de hidrocarbonetos sintéticos. Para garantir a homogeneidade das partículas no fluido, é necessário um processo de seleção, que se baseia no ponto de inflamação, no ponto de congelação, na temperatura de ebulição, na temperatura de vapor e na resistência das partículas magnéticas. Um dos critérios mais essenciais na seleção do fluido de base para o fluido MR é o valor da viscosidade. O valor da viscosidade do fluido deve ser baixo, de acordo com a condição de estado de repouso (condição sem qualquer campo magnético aplicado).

As partículas magnéticas são geralmente feitas de ferro, ligas de ferro, óxido de ferro, nitreto de ferro, carboneto de ferro, ferro carbonílico, níquel e cobalto [26]. A partícula magnetizável mais preferida para o fluido de RM é o ferro carbonílico, que é feito de ferro puro com elevada permeabilidade magnética, fabricado pela decomposição do ferro pentacarbonílico Fe (CO5). As micropartículas têm uma forma esférica com uma gama de diâmetros de 1 a 10 pm. A quantidade de partículas magnéticas contidas na mistura do fluido MR pode ir até 80% em volume, com uma densidade de cerca de 2 a 5 g/cm^3 [32]. A quantidade de conteúdo sólido no fluido MR é principalmente especificada pela magnitude da magnetização de saturação, que conduz à tensão de cedência máxima. O valor da tensão de cedência é predisposto para aumentar o efeito MR na presença da intensidade do campo magnético. Dependendo da intensidade do campo magnético, as partículas magnéticas são polarizadas e as partículas dispersas são organizadas numa estrutura semelhante a uma cadeia, o que leva a uma restrição no movimento do fluido.

Os aditivos são geralmente uma mistura de estabilizadores e tensioactivos. Os estabilizadores são normalmente constituídos por agentes tixotrópicos, goma xantana, estearatos de sílica gel e ácidos carboxílicos [30]. Os estabilizadores são utilizados para melhorar a estabilidade do líquido e para evitar a sedimentação gravitacional das partículas. Entretanto, os tensioactivos são feitos a partir de composições químicas, tais como lubrificantes [28]. Os tensioactivos, que revestem a superfície das partículas magnéticas, criam uma laminação de camada fina que cobre a superfície das partículas. O aparecimento dos tensioactivos na superfície das partículas magnéticas melhora a polarização induzida nas partículas em suspensão quando sujeitas a um campo magnético. De um modo geral, tanto os tensioactivos como os estabilizadores desempenham um papel importante no fornecimento de caraterísticas lubrificantes adicionais que impedem a ocorrência de aglomeração.

2.3.2 Propriedades magnéticas dos fluidos de RM

As propriedades magnéticas dos fluidos MR são geralmente caracterizadas pela curva de indução magnética ou pela curva B-H, e são úteis para determinar a resposta de um fluido à magnetização (M). A magnetização é o processo de tornar uma substância temporária ou permanentemente magnética por indução magnética (B) [2]. A indução magnética ou densidade de campo magnético é o total de fluxos por área expresso em Tesla (T) *ou Wb/m2*. A quantidade de densidade de fluxo magnético em termos de momento magnético depende principalmente da permeabilidade do vácuo *p.0* e do campo magnético invariável *(H)*. A relação entre a densidade do fluxo magnético e a indução no espaço livre é expressa na seguinte equação [29]:

$$B = \mu_0 H \qquad (2.1)$$

No momento em que o espaço livre de indução é preenchido com qualquer substância magnética, então a relação da indução total passa a ser a seguinte [29]:

$$B = \mu_0(H + M) \qquad (2.2)$$

A permeabilidade das partículas desempenha um papel importante na determinação da resposta magnética, quer num momento muito baixo, quer quando é induzido um campo magnético elevado. Quando um campo magnético muito baixo é induzido, a resposta magnética é definida principalmente pela permeabilidade específica das partículas (7^f /-), que são dadas em ^/^0. A resposta magnética num campo magnético baixo pode ser expressa como na seguinte equação [35]:

$$m = 4\pi\mu_f\mu_0\beta a^3 H \qquad (2.3)$$

em que *a* é o diâmetro da partícula e *p* é o rácio entre a permeabilidade específica das partículas e a permeabilidade específica do fluido de transporte (^$_p$), que pode ser expresso da seguinte forma

$$\beta = \frac{\mu_p - \mu_f}{\mu_p - 2\mu_f} \qquad (2.4)$$

Num campo magnético elevado, em que a resposta magnética é elevada à saturação, o campo magnético torna-se independente com base na permeabilidade de saturação das partículas *(p.s)*, como dado por [36]:

$$m = \frac{4}{3}\pi a^3 \mu_s M_s \qquad (2.5)$$

em que M_s é a saturação, que varia consoante o tipo de partículas magnéticas; por exemplo, o ferro a granel é de cerca de 1,7 x 106 A/m e a magnetite é de cerca de 0,48 x 106 A/m.

O fluido de RM utilizado neste estudo é o MRF 132DG da Lord Corp, que está disponível comercialmente. A relação entre a densidade do fluxo magnético (B) e o campo magnético uniforme para o MRF 132DG está representada na Figura 2.2. A curva B-H descreve a determinação do valor de saturação das propriedades magnéticas do MRF 132DG. De acordo com a Figura 2.2, a maior densidade de fluxo magnético fornecida é de cerca de 1,6 Tesla, com um campo magnético de 650 kAmp/m.

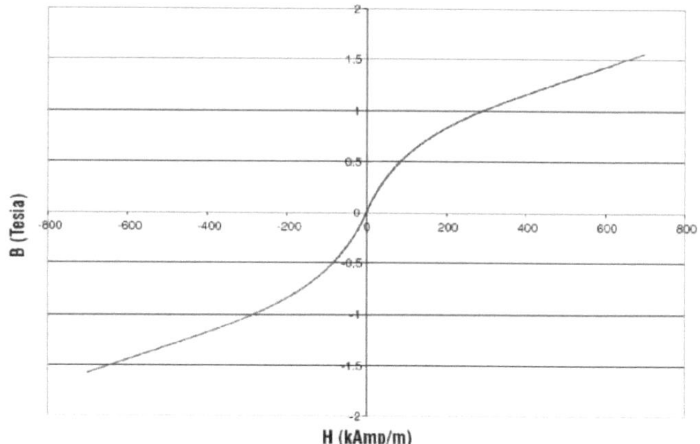

Figura 2.2 Propriedades magnéticas típicas do fluido MR 132DG [33].

2.3. 3Efeito do fluido magnetoreológico

No campo magnético aplicado, é necessário determinar o efeito MR para prever a intensidade do campo magnético. O efeito MR é normalmente definido pela magnitude do campo e pelo valor da tensão de cedência *τ(B)*. A tensão de cedência é apresentada como uma função de B, que é a intensidade do campo magnético sob a forma de densidade de fluxo em Tesla. O efeito MR é reversível, dependendo do campo magnético gerado pelo circuito elétrico. O efeito MR aumentará com o campo magnético aplicado e desenvolverá a tensão de cedência em poucos milissegundos. Inversamente, quando o campo magnético é libertado, o efeito MR desaparece do fluxo do fluido, que tende a comportar-se como um fluido newtoniano.

No modelo de fluido newtoniano, o valor da tensão de cedência é menor do que a viscosidade do fluido *(η)*, em que a viscosidade tem sempre um valor constante. Assim, a tensão de cisalhamento (τ) e a taxa de cisalhamento (γ) têm uma relação linear proporcional, que é apresentada na seguinte equação:

$$\tau = \eta.\gamma \qquad (2.6)$$

Na presença de um campo magnético, a relação entre a taxa de cisalhamento e a tensão de cisalhamento é apresentada de acordo com o modelo plástico de Bingham. O modelo plástico de Bingham é um modelo de fluido não-Newtoniano que flui como um fluido viscoso a uma tensão elevada. Nos fluidos MR, o valor da tensão das partículas magnéticas no interior do fluido pode variar em função do circuito elétrico, que gera a intensidade do campo magnético [27]. A maior intensidade do campo magnético levará as partículas a alinharem-se numa estrutura em cadeia, na qual o valor da taxa de cisalhamento aumenta e restringe o fluxo. A taxa de cisalhamento do fluido MR depende principalmente do valor da tensão de cedência, enquanto a tensão de cedência pode ser controlada aumentando ou diminuindo a intensidade do campo magnético *τ(H)*[11]. A partir daí, a relação entre a tensão de cedência e a velocidade de corte é não linear, como representado pela seguinte equação [1]:

$$\tau = \tau(H) + \eta.\gamma \qquad (2.7)$$

A relação não linear entre a intensidade do campo magnético e a tensão de cedência para o MRF 132DG está representada na Figura 2.3.

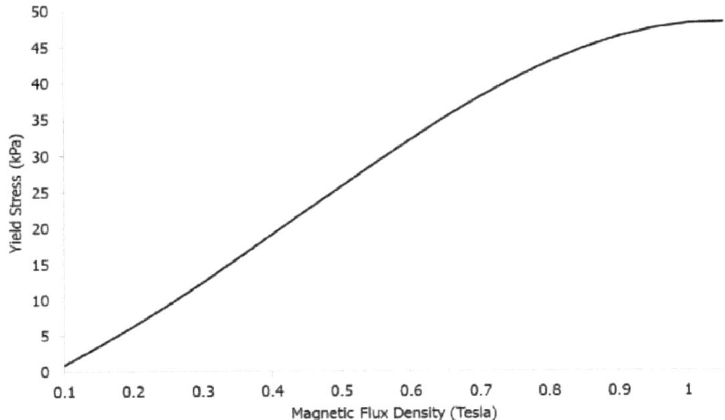

Figura 2.3 Relação entre a tensão de cedência e a densidade do fluxo magnético [48].

O efeito magnetorheológico é normalmente expresso em termos da magnitude da tensão de cedência do fluido MR. Para o MRF-132DG, que é um dos tipos comerciais de fluido MR, a tensão de cedência pode ser expressa de acordo com a seguinte aproximação:

$$\tau_y(B) = \begin{cases} -58.92B^3 + 74.66B^2 + 35.74B - 3.387B, & \text{for } \tau_y(B) > 0 \\ 0, & \text{for } \tau_y(B) \leq 0 \end{cases} \quad (2.8)$$

2.4 O modo de funcionamento básico dos fluidos MR

De acordo com Grundwald e Olabi [16] , existem três modos operacionais básicos quando se emprega um fluido MR num dispositivo: modo de cisalhamento, modo de válvula e modo de compressão. O modo mais recente foi desenvolvido por Goncalves et al. [37], nomeadamente o modo de aperto por gradiente. O modo de cisalhamento, também conhecido como modo de embraiagem, ocorre quando o fluido MR é exposto a um campo magnético entre duas superfícies magnéticas paralelas, em que uma das superfícies se move enquanto a outra está fixa. O modo de válvula, também conhecido como modo de fluxo, ocorre quando o fluido magnetoreológico é influenciado por um campo magnético enquanto o fluido flui entre duas superfícies paralelas fixas; o fluido flui através de fendas de fluxo de fluido. O modo de compressão ocorre quando o fluido magnetoreológico é afetado por um campo magnético, ao mesmo tempo que é comprimido ou descomprimido [24,38]. Foram propostas diferentes configurações de circuitos magnéticos com mecanismos de funcionamento semelhantes aos do modo de válvula. O pólo magnético é disposto axialmente ao longo da trajetória do fluxo e separado por material não magnético; quando o fluido magnetoreológico passa através das aberturas da válvula, a disposição dos pólos cria fibrilhas magnéticas elípticas que bloqueiam o fluxo nas aberturas da válvula [37,39,40]. Os modos operacionais gerais estão representados na Figura 2.4.

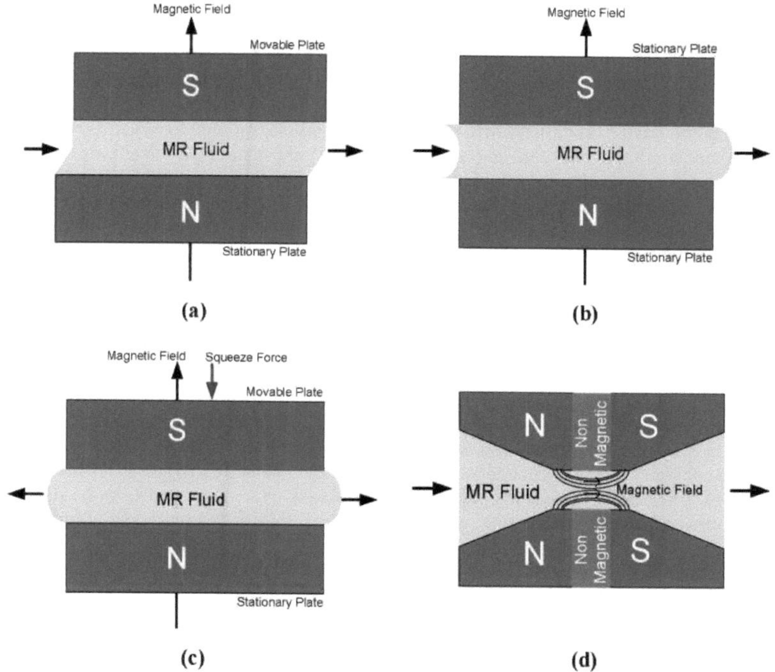

Figura 2.4 Modo de funcionamento do fluido de RM, a) Modo de cisalhamento, b) Modo de válvula, c) Modo de trabalho de compressão, d) Modo de pinça de gradiente magnético [41].

Entre os modos de funcionamento básicos do fluido MR, cada modo de funcionamento tem sido aplicado com êxito em muitos domínios de aplicação. Recentemente, os progressos no estudo de dispositivos baseados em fluido MR evoluíram muito rapidamente. Paralelamente ao crescente estudo sobre o desenvolvimento de dispositivos baseados em fluido MR, existe atualmente um grande número de publicações relacionadas com a utilização de fluido MR. Além disso, existem muitos tipos de fluidos de RM disponíveis no mercado, o que facilita muito a utilização de dispositivos baseados em RM. A facilidade de acesso aos fluidos de RM proporciona inúmeras oportunidades para realizar mais investigação sobre a utilização de fluidos de RM.

2.5 Válvula magnetoreológica

2.5.1 Princípios básicos das válvulas MR

Uma válvula é um dispositivo utilizado para regular, controlar ou dirigir o fluxo de um fluido. O mecanismo é efectuado através da abertura, fecho ou obstrução parcial de várias passagens. As válvulas são o componente-chave em quase todos os mecanismos de controlo do fluxo. Normalmente, uma prática comum diz respeito a uma combinação de um sistema hidráulico com um dispositivo eletrónico de válvula de atuador solenoide para melhorar a regulação do fluxo de fluido. Uma válvula hidráulica convencional é constituída por várias peças móveis no interior da válvula, o que a torna menos reactiva. Para eliminar os pontos fracos da válvula hidráulica convencional, o fluido MR é introduzido no mecanismo da válvula para melhorar o desempenho da válvula [42,43].

Uma válvula MR é um tipo de dispositivo de válvula que controla o fluxo do fluido MR. Para efeitos de controlo, é frequentemente utilizada uma válvula MR com uma bobina electromagnética para produzir um fluxo magnético que regula a viscosidade do fluido MR. A viscosidade do fluido MR pode ser controlada aumentando e diminuindo as caraterísticas viscosas da válvula MR, o que resulta numa restrição do fluxo do fluido. A restrição do fluxo do fluido depende da densidade do fluxo magnético, que pode ser variada através da aplicação de uma corrente de entrada da bobina electromagnética. O mecanismo da válvula MR para regular o fluxo do fluido está sujeito à combinação do padrão de fluxo e da abertura, que alonga o canal de fluxo do fluido. A direção do fluxo de fluido deve ser concebida numa direção perpendicular à direção da densidade do fluxo magnético. A área transversal perpendicular entre a densidade do fluxo magnético e o fluxo de fluido é designada por área efectiva. A área efectiva é uma área em que a viscosidade do fluido MR pode ser continuamente regulada através do controlo da intensidade do campo magnético.

O mecanismo básico da válvula MR utiliza as propriedades reológicas sensíveis do fluido MR, que se estende na área efectiva ao longo do canal do fluido. Por conseguinte, o número de áreas efectivas que se estendem ao longo do canal de fluido determinará significativamente o desempenho da válvula MR. Uma vez que a válvula MR é utilizada para manipular o fluxo de fluido do dispositivo MR, o desempenho do dispositivo MR será determinado pelo desempenho da válvula MR. Uma melhoria bem sucedida no desempenho da válvula MR terá um impacto significativo no avanço dos dispositivos baseados em MR.

2.5.2 O avanço das válvulas MR

Tendo em conta a importância das válvulas de RM, foram propostas muitas concepções. Uma das primeiras concepções de uma válvula MR autónoma foi proposta por Kordonski et al. [44], que foi posteriormente desenvolvida por Gorodkin [45]. Na literatura, foram propostas concepções de válvulas MR anulares com geometria optimizável e resistência controlável ao fluxo de fluido MR. Um conceito mais simples para uma válvula MR anular foi proposto por Yokota et al. [12], que consiste num canal de fluxo anular e numa bobina electromagnética instalada adjacente ao canal de fluxo. O trabalho foi melhorado por Yoshida et al. [13], propondo uma válvula de RM anular de três portas utilizando um íman permanente. Simultaneamente, Yoo e Wereley [14] propuseram uma válvula MR anular à mesoescala (menos de 25 mm de diâmetro exterior), utilizando bobinas duplas internas com direção de fluxo contrário.

Com o avanço das válvulas MR de tipo anular em curso, Wang et al. [15] começaram a discutir a aplicação de válvulas MR de tipo radial em amortecedores sísmicos de grande escala utilizando uma configuração de bypass. As vantagens das válvulas MR radiais em relação às válvulas MR anulares, em termos de queda de pressão nominal e da configuração da válvula MR de derivação externa, foram comparadas na literatura. Grundwald e Olabi [16] efectuaram uma comparação do desempenho dos modelos de válvulas MR através da avaliação de válvulas MR do tipo anular e de orifício. A discussão sobre os tipos de válvulas MR foi alargada por Ai et al. [17] e Wang et al. [18], utilizando uma conceção de válvula MR com trajectórias de fluxo anulares e radiais. Na sua conceção, foram utilizados ambos os tipos de canais de resistência numa válvula MR para aumentar a queda de pressão nominal até 2,5 MPa, mantendo a dimensão da válvula e o consumo de energia. Recentemente, Imaduddin et al. [22] propuseram uma nova válvula MR de classe compacta, utilizando uma disposição de múltiplas aberturas anular-radiais como um melhoramento do conceito de válvula anular e radial com uma estrutura de trajeto de fluxo sinuoso. A válvula MR de classe compacta demonstrou com êxito um elevado desempenho com uma queda de pressão nominal até 6 MPa.

No entanto, tendo em conta a importância das válvulas MR instaladas em vários dispositivos, foram propostos muitos modelos de válvulas MR. Foram desenvolvidos vários modelos com algumas modificações na estrutura do percurso do fluxo [14,17,18]. O mais recente desenvolvimento de uma válvula MR introduziu o conceito de estrutura meândrica do trajeto do fluxo numa válvula MR, o que revelou uma melhoria significativa na queda de pressão obtida pela válvula MR. De acordo com a importância da disposição da estrutura do percurso do fluxo no projeto de uma válvula MR, a válvula MR com estrutura do percurso do fluxo pode ser classificada num quarto tipo. A válvula MR com fenda anular, a válvula MR com fenda radial, a válvula MR com fenda anular e radial e a válvula MR com uma combinação de anular e radial numa disposição de múltiplas fendas.

2.5.3 Classificação da válvula MR

As várias concepções da válvula MR são geralmente divididas em duas configurações principais: configurações com colocação da bobina e uma configuração geométrica para o canal de fluxo de fluido no interior da válvula MR [46]. A configuração da bobina destina-se a colocar a bobina electromagnética de modo a dispor a direção do fluxo magnético de forma a que o padrão de fluxo seja perpendicular ao fluxo do fluido. Para definir a direção do fluxo magnético envolvido no fluxo de fluido, normalmente, a bobina electromagnética é fixada no interior da válvula ou colocada no exterior da válvula MR [45]. A bobina da válvula MR produz um campo magnético para controlar a viscosidade do fluido MR. É habitualmente utilizada uma bobina electromagnética em vez de um íman permanente, embora ambos possam ser utilizados para o mesmo fim. Em geral, a bobina electromagnética pode ser integrada no corpo da válvula de RM ou colocada no exterior do dispositivo; o importante é colocar a bobina numa posição eficaz em que o campo magnético possa ser aplicado ao fluido de RM para controlar a viscosidade.

A configuração geométrica é um meio de definir a disposição das aberturas para variar a largura e o comprimento do canal de escoamento do fluido. A variação do tamanho e do comprimento da fenda do canal de fluxo de fluido é desejável para criar a área perpendicular entre o fluxo magnético e o fluxo de fluido ao longo do canal de fluido para aumentar a área efectiva [17]. Normalmente, é utilizada uma fenda de fluido mais estreita para encurtar os pólos magnéticos, o que coloca a cadeia de partículas do fluido MR sob maior tensão devido à restrição do fluxo de fluido. A alteração do comprimento do canal do fluido proporcionará mais espaço, que é possivelmente induzido pelo campo magnético, que multiplica o número de áreas efectivas ao longo do canal de fluxo do fluido [48]. A disposição das folgas na válvula MR é a principal melhoria para aumentar o desempenho da válvula MR sem qualquer aumento da dimensão da válvula.

A maior parte das válvulas MR são concebidas em forma cilíndrica para compensar a disposição das aberturas e a colocação da bobina electromagnética. Diferentes disposições das aberturas conduzem a diferentes dimensões geométricas da válvula de RM [14,21,47]. A maximização do comprimento da fenda tornará a dimensão da válvula mais volumosa, de modo a não caber nos limites de espaço da aplicação. Por conseguinte, a conceção da disposição das aberturas no interior da forma cilíndrica deve ser cuidadosamente considerada, uma vez que a configuração da colocação das peças determina a configuração do percurso do fluxo, que liga a porta de entrada e a porta de saída da válvula. Atualmente, existem três classes de válvulas MR, que se referem principalmente à configuração do projeto da disposição das aberturas na válvula MR geométrica: a válvula MR de abertura anular, a válvula MR de aberturas radiais e a combinação da válvula MR de aberturas anulares e radiais [46].

Válvula MR anular

No projeto inicial das válvulas de RM, o tamanho geométrico era um problema, uma vez que a dimensão ainda era volumosa. Para miniaturizar a dimensão geométrica, Yoo e Werely [42] propuseram a conceção de um espaço entre o corpo da válvula e o núcleo da válvula, nomeadamente o canal anular. A conceção do canal anular alonga o canal de fluxo numa disposição de conduta retangular, que se liga entre a porta de entrada e a porta de saída. A conduta retangular cria uma área maior, que é exposta ao fluxo magnético. Devido à maior área exposta ao campo magnético, a área efectiva ao longo da abertura de fluxo será mais desejável. Uma vez que a abertura de fluxo é concebida como uma conduta retangular, a bobina electromagnética é colocada no centro da válvula MR. A colocação da bobina electromagnética está integrada na parte central da válvula MR. O conceito do protótipo da válvula MR com fendas anulares está representado na Figura 2.5.

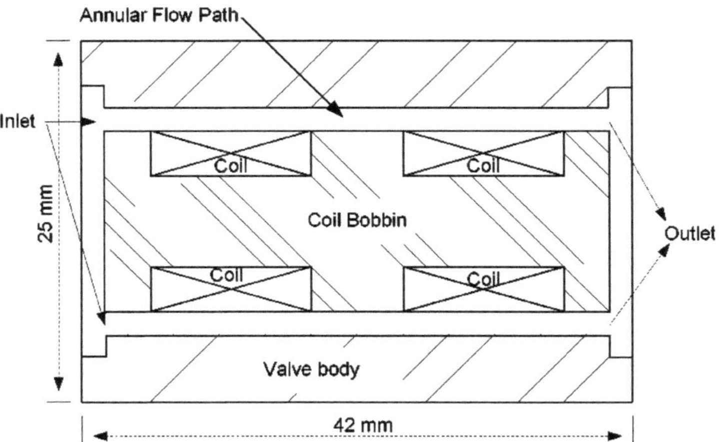

Figura 2.5 Esquema do trajeto do fluxo da válvula MR com aberturas anulares [42].

A válvula MR é constituída por um núcleo e um corpo de válvula. Os principais componentes do núcleo são a bobina electromagnética e o comprimento do flange da bobina. Os principais parâmetros de conceção da bobina electromagnética foram determinados como um diâmetro de bobina de cerca de 14 mm, o número de enrolamentos, 160 voltas, e um comprimento do flange da bobina de cerca de 3 mm. A folga retangular constante entre o núcleo e o corpo da válvula deve ser de 0,5 mm. O corpo da válvula ou o cilindro da válvula conduz o circuito magnético que gira em torno da bobina através das folgas e do comprimento da flange da bobina. Uma flange da bobina mais curta tende a aumentar a densidade do fluxo magnético na abertura. O corpo da válvula é concebido com um diâmetro à escala do messo de cerca de 25 mm. O desempenho da válvula MR com fendas anulares na geometria à escala messo atingiu uma queda de pressão de até 1,7 MPa.

b. Válvula MR radial

As aberturas radiais são tipicamente caracterizadas pela disposição do canal de fluxo, que flui radialmente perpendicular à porta de entrada e saída da válvula MR. Para que o fluido flua radialmente, a porta de entrada é concebida como um canal de orifício. A folga radial é colocada perpendicularmente à entrada da válvula para que o fluido possa ser forçado abruptamente a ter fluxos radiais [15]. Uma válvula MR com folgas radiais é constituída por um núcleo e um corpo de válvula. Normalmente, o núcleo da válvula é colocado entre as aberturas radiais, de modo a que o núcleo do disco proporcione um fluxo radial adequado dos fluidos. As bobinas electromagnéticas são colocadas no corpo da válvula para guiar o fluxo magnético através do canal de fluxo por indução externa. A bobina externa alinha o fluxo magnético de modo a que este corra paralelamente à válvula para assegurar que a direção do fluxo é perpendicular às folgas do fluido [46]. O comprimento das folgas radiais do fluido é a principal consideração de projeto. Assim, o comprimento do raio proporciona uma maior área efectiva ao longo das folgas de fluido, o que, ao mesmo tempo, compensa a dimensão alargada da válvula [48]. O conceito esquemático do trajeto do fluxo na válvula MR de fendas radiais está representado na Figura 2.6.

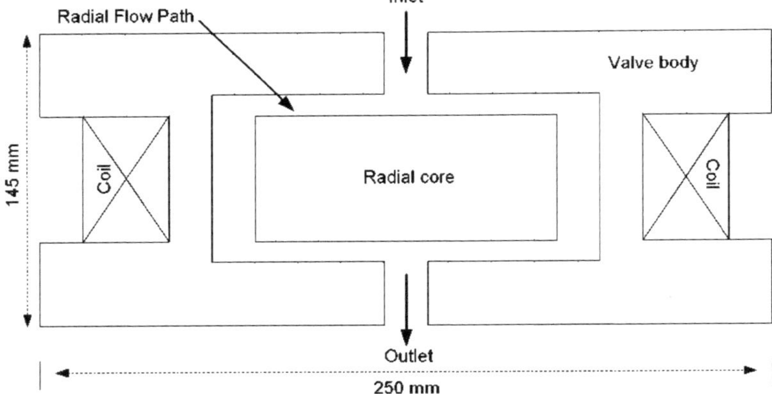

Figura 2.6 Esquema do trajeto do fluxo da válvula MR com folgas radiais [15].

Os principais parâmetros de conceção da bobina electromagnética externa são definidos pelo tamanho fixo, em que o diâmetro da bobina é de cerca de 57 mm. As folgas radiais variam de 2,5 mm a 3 mm. O comprimento da folga radial é de 89 mm, o que resulta num diâmetro total da geometria da válvula de cerca de 250 mm; o orifício de entrada é fixado em 30 mm, enquanto o orifício de saída é de cerca de 19 mm. Por conseguinte, a utilização de aberturas radiais na configuração do projeto pode conduzir a uma geometria volumosa da válvula MR. O desempenho da válvula MR com folgas radiais foi testado e obteve-se uma queda de pressão superior a 4,5 MPa. O desempenho da válvula MR com folgas radiais é consideravelmente superior ao da válvula MR com folgas anulares. No entanto, a dimensão volumosa da válvula constitui uma restrição à sua utilização em aplicações com limitações de espaço.

c. Válvula MR com folgas anulares e radiais

Os avanços nas válvulas MR têm sido contínuos e tem sido explorada uma combinação de aberturas de fluxo anulares e radiais. A combinação de folgas anulares e radiais aumenta o desempenho da válvula MR, mantendo o tamanho da geometria. Uma vez que as aberturas radiais revelaram a maior queda de pressão, a incorporação das aberturas radiais em combinação com as aberturas anulares na válvula MR deverá melhorar o desempenho em comparação com a válvula MR com aberturas anulares. Para manter o tamanho da válvula, a disposição das aberturas deve evitar a direção de exposição do campo magnético ao canal de fluxo numa direção paralela. Para criar a restrição de fluxo no interior do canal de fluxo, a direção do fluxo magnético deve ser alinhada ao longo de duas polaridades magnéticas. As polaridades magnéticas foram criadas através de um cruzamento perpendicular entre o campo magnético e o canal de fluxo. Em diferentes direcções cruzadas, por exemplo, numa direção paralela, ocorre o efeito de restrição e o efeito MR é muito pequeno. A combinação das folgas anulares e radiais centra-se na condição em que os fluxos magnéticos estão numa direção perpendicular ao fluxo do fluido MR no interior da válvula. A maximização da área transversal perpendicular ao longo do canal de fluxo maximiza a área efectiva na válvula [18]. O conceito esquemático do trajeto do fluxo na válvula MR com fendas anulares e radiais com fendas de fluxo sinuosas está representado na Figura 2.7.

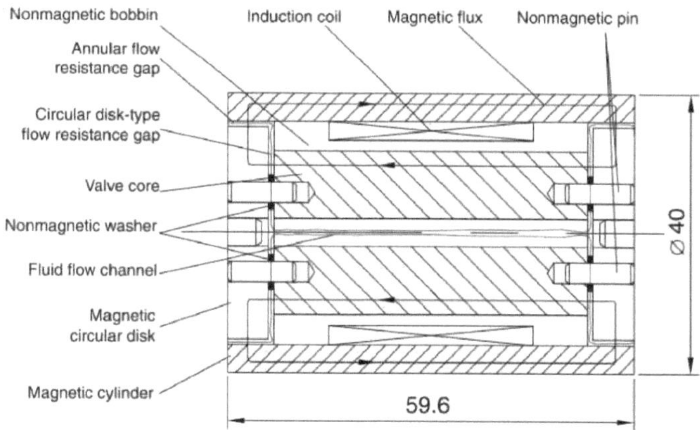

Figura 2.7 Esquema de uma válvula de RM com folgas anulares e radiais [18].

Nesta configuração de projeto, a válvula pode ser dividida em três partes diferentes, nomeadamente o invólucro da válvula, a bobina e o núcleo da válvula, como se mostra na Figura 2.7. O fluido MR entra pela porta de entrada e flui através das folgas anulares antes de chegar ao núcleo da válvula, que está localizado no centro da válvula MR. O núcleo da válvula divide o fluxo de fluido da região das aberturas anulares para a região das aberturas radiais, após o que o fluxo de fluido será concentrado através da abertura do orifício. A configuração da trajetória do fluxo anular e radial no interior das aberturas é, na sua maioria, semelhante ao padrão da trajetória do fluxo da ponte H [17]. Normalmente, a combinação do padrão de percurso do fluxo no interior da válvula aumenta a área efectiva, o que significa que o percurso do fluxo é possivelmente exposto várias vezes ao campo magnético. Na combinação de fendas anulares e radiais da válvula MR, as fendas de fluxo radiais são expostas duas vezes ao fluxo magnético, tal como as fendas de fluxo anulares. Considera-se que o número de exposições ao campo magnético nas aberturas de fluxo é o somatório do efeito MR na combinação das aberturas anulares e radiais da válvula MR. Por conseguinte, quanto maior for o número de áreas efectivas expostas ao campo magnético ao longo do canal de fluxo no interior da válvula MR, maior será o desempenho da válvula MR sem qualquer aumento do tamanho da geometria ou do consumo de energia [22].

A válvula MR é constituída por um núcleo de válvula, um corpo de válvula e uma bobina electromagnética. Os principais componentes do núcleo são a bobina electromagnética e o comprimento da flange da bobina. Os principais parâmetros de conceção da bobina electromagnética são de tamanho fixo, em que o diâmetro da bobina é de cerca de 14 mm, o número de enrolamentos é de 160 voltas e o comprimento da flange da bobina é de cerca de 3 mm. A folga retangular constante entre o núcleo e o corpo da válvula é fixada em 0,5 mm. O desempenho da válvula MR com ambas as folgas, anular e radial, já foi desenvolvido e testado [18]. Em diâmetros de geometria até 40 mm, o desempenho da válvula MR atingiu uma queda de pressão superior a 2,5 MPa.

d. Válvula MR com múltiplas aberturas radiais anulares

O desenvolvimento de válvulas MR que utilizam uma combinação de folgas anulares e radiais já foi discutido. A combinação de ambas as aberturas, anular e radial, aumenta a área efectiva ao longo do percurso do fluxo de fluido. A fim de melhorar o desempenho da válvula sem aumentar a sua dimensão, a disposição das aberturas anulares e radiais do fluxo de fluido num arranjo de múltiplas aberturas pode melhorar o desempenho da válvula [3,22,49]. A disposição das aberturas em múltiplas aberturas radiais anulares aumenta o número de áreas efectivas ao longo do canal de fluxo, o que melhorará a restrição do fluxo de fluido da válvula MR [46]. Presume-se que a disposição de múltiplas aberturas optimiza o espaço improdutivo no interior da válvula MR, que é convertido para minimizar o espaço, produzindo simultaneamente uma maior funcionalidade, de modo a que a dimensão da válvula possa ser reduzida. A disposição de múltiplas aberturas combinada com o percurso de fluxo sinuoso é efectuada através do alargamento do percurso do fluido no interior da válvula sem aumentar a dimensão da válvula. O esquema de múltiplas aberturas anulares e radiais está representado na Figura 2.8.

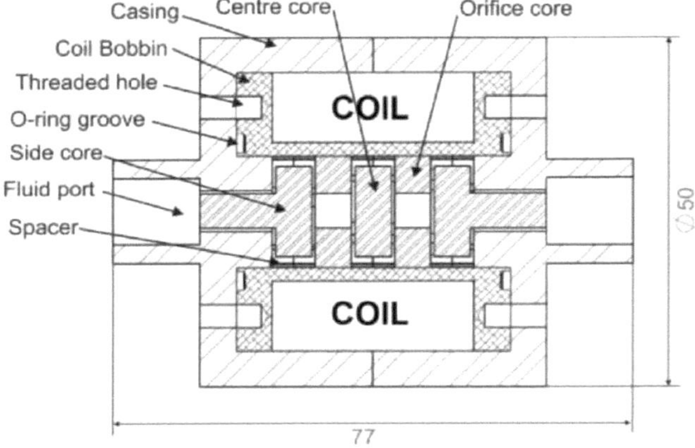

Figura 2.8 Esquema da válvula MR com folgas anulares e radiais no trajeto do fluxo sinuoso [22].

Foi desenvolvida e testada uma válvula MR com uma trajetória de fluxo meândrica elaborada, concebida com múltiplas aberturas de fluxo radial anular [49]. A válvula MR é constituída pelo corpo da válvula, pelo núcleo da válvula e por uma bobina electromagnética. Os principais parâmetros de conceção da bobina electromagnética são determinados utilizando um tamanho fixo, em que o diâmetro da bobina é de cerca de 30 mm e o número de enrolamentos de 450 voltas. A folga anular constante é fixada em 0,5 mm, enquanto as folgas radiais são fixadas em cerca de 0,5 mm e as folgas do orifício são fixadas em cerca de 6 mm. O diâmetro total da válvula MR compacta com múltiplas aberturas radiais anulares é de cerca de 50 mm. O desempenho da válvula MR com múltiplas aberturas anulares e radiais é consideravelmente superior ao da válvula MR com aberturas anulares e radiais, atingindo cerca de 5 MPa. O trajeto meândrico do fluxo com múltiplas aberturas anulares e radiais gera evidentemente uma maior queda de pressão sem aumentar significativamente a dimensão da válvula MR.

2.6 Aplicação da válvula MR

Apesar da extensa cobertura do desenvolvimento de válvulas MR na literatura em termos de estrutura de design, a utilização de válvulas MR em aplicações autónomas ainda é raramente discutida. De um modo geral, as válvulas MR são utilizadas como um componente influente no apoio à aplicação de dispositivos MR. De acordo com a aplicação de vários dispositivos baseados em MR, a utilização de válvulas MR pode ser descrita de acordo com dois dispositivos MR diferentes, nomeadamente, o amortecedor MR e o atuador MR.

2.6.1 Amortecedor MR

Os amortecedores MR são um dos dispositivos de base MR mais discutidos nos últimos tempos. O leque de aplicações dos amortecedores MR é vasto, desde aplicações automóveis a aplicações civis. De acordo com os modos de funcionamento, a conceção mais comum é o amortecedor MR de modo de válvula. O modo de válvula está localizado no pistão no interior do amortecedor, como mostra a figura 2.9. O modo de válvula está incorporado no pistão do amortecedor, que regula o fluxo de fluido utilizando o espaço estreito no pistão. A estrutura de colocação da válvula no pistão do amortecedor levou a um aumento do peso e da espessura da cabeça do pistão devido à complexidade do conjunto do fio da bobina. A estrutura de colocação da bobina electromagnética no interior do amortecedor tende a aumentar a temperatura do fluido MR devido à dissipação de calor da bobina. No entanto, a estrutura básica da bobina interna do amortecedor MR é compacta e capaz de produzir um elevado desempenho.

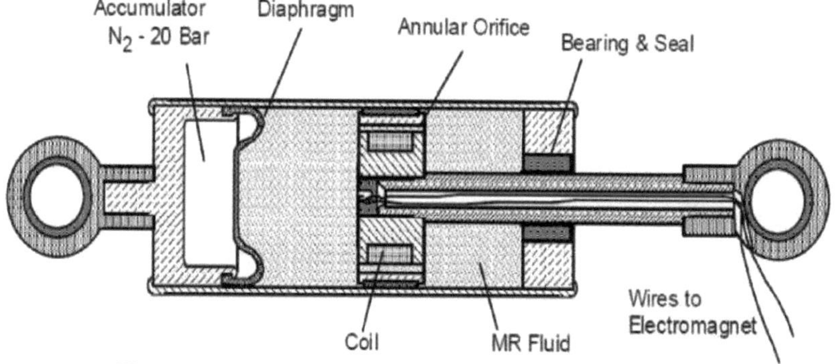

Figura 2.9 Um amortecedor MR em modo válvula [3].

2.6.2 Atuador MR

O dispositivo baseado em MR mais discutido é a válvula MR, que foi desenvolvida para aplicações autónomas. A aplicação autónoma é um sistema independente que pode ser utilizado para reequipar válvulas hidráulicas ou para melhorar a praticabilidade dos actuadores [64,65]. O atuador baseado em MR pode funcionar como um atuador ativo paralelo a um atuador pneumático ou hidráulico, tal como o sistema de atuação de potência hidráulica MR da Figura 2.10. O acionamento por MR utiliza um modelo em estado para controlar a pressão de saída. Isto é utilizado quando é necessária uma velocidade elevada e uma grande força. O fluido utilizado no sistema de acionamento hidráulico MR é altamente incompressível, pelo que a pressão aplicada pode ser transmitida instantaneamente a outras peças ligadas ao sistema. No entanto, a prática comum nos sistemas hidráulicos consiste em combinar os dispositivos electrónicos das válvulas de acionamento por solenoide para regular o fluxo do fluido. Além disso, as válvulas hidráulicas convencionais são constituídas por várias peças móveis no interior da válvula, o que as torna menos reactivas e, ao mesmo tempo, mais susceptíveis ao desgaste. Por conseguinte, foi introduzido um atuador MR para melhorar o desempenho da válvula hidráulica convencional.

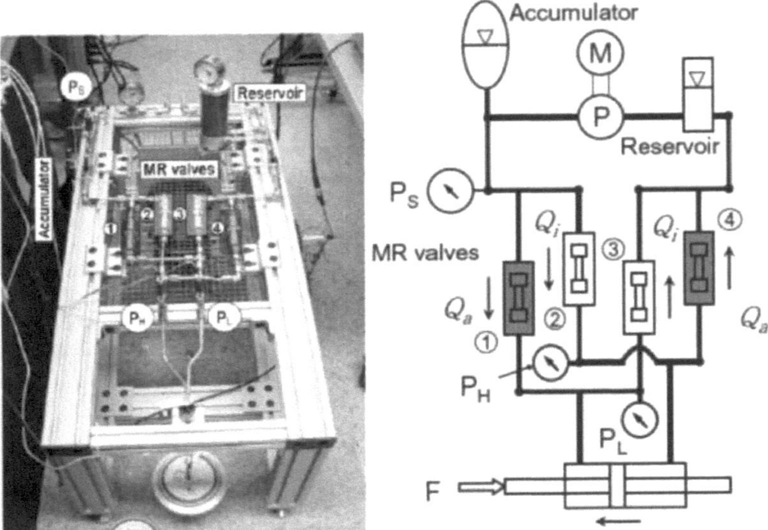

Figura 2.10 Sistemas de acionamento de potência hidráulica MR [19].

2.7 Resumo do capítulo 2

No Capítulo 2, é apresentada uma panorâmica dos conhecimentos gerais relativos às propriedades e caraterísticas do fluido MR, incluindo a explicação da válvula MR básica como dispositivo baseado em MR. Os fundamentos relativos ao mecanismo da válvula MR e as operações básicas foram discutidos em grande pormenor. Seguidamente, foi apresentada uma descrição dos últimos avanços na válvula MR e as várias classes de válvulas MR para cada tipo. Na secção final do capítulo, foram apresentados vários dispositivos e aplicações relacionados com a válvula MR como componente principal. O Capítulo 2 termina com uma visão geral concisa e abrangente do processo de investigação em destaque neste estudo, conforme ilustrado na Figura 2.11.

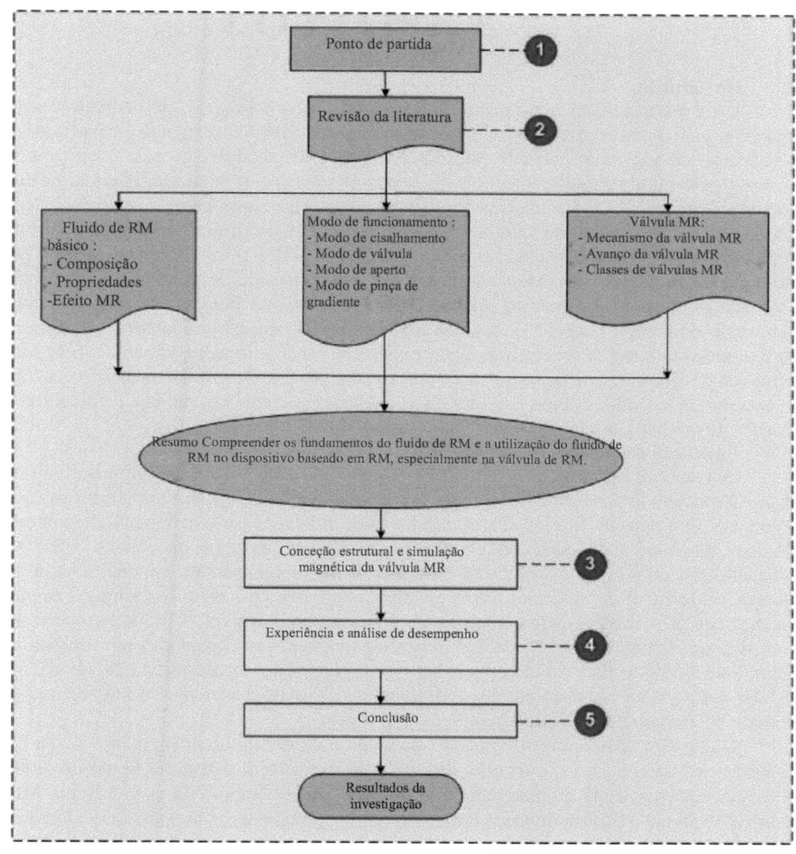

Figura 2.11 Resumo do processo de investigação no capítulo 2.

CAPÍTULO 3

METODOLOGIA

3.1 Introdução

Uma compreensão abrangente da disposição das bobinas e da disposição das aberturas é importante para o processo de projeto de uma nova válvula MR. Neste capítulo, é explicada a metodologia de conceção de um novo conceito para uma válvula MR modular de vários estágios. O conceito é acentuado pela estrutura totalmente modular, que pode ser disposta numa configuração de diferentes fases. A simulação magnética é efectuada para analisar a conceção estrutural da válvula MR. A fim de obter a distribuição da intensidade do campo magnético ao longo da estrutura do percurso de fluxo sinuoso, a simulação magnética é efectuada utilizando o software FEMM (Finite Element Method Magnetics). Os resultados da simulação magnética são fornecidos em densidade de fluxo magnético num determinado ponto da área efectiva, que pode ser utilizado para determinar o valor da tensão de cedência em função da intensidade do campo magnético. A derivação do modelo quase-estacionário é também desenvolvida como uma abordagem ao conceito modular para prever o desempenho da válvula MR numa disposição de módulo de fase única ou na presença de adição de módulos. Os resultados da previsão do desempenho são desenvolvidos descrevendo o efeito da variação da corrente de entrada e do caudal, bem como a presença de módulos adicionais.

3.2 Conceção concetual da válvula MR

O avanço do projeto da válvula MR é elaborado com base na configuração da disposição das folgas. O conceito de fendas de fluxo anulares e radiais é utilizado na válvula MR proposta. As vantagens do conceito de folgas de fluxo anulares e radiais são utilizadas para melhorar o desempenho da válvula MR sem aumentar a dimensão. A abordagem ao design estrutural da válvula MR proposta é feita principalmente através da estrutura do percurso do fluxo meandrante em múltiplas aberturas radiais anulares, que é capaz de aumentar a área efectiva num espaço limitado da geometria da válvula. Devido à intenção de criar flexibilidade em termos de desempenho da válvula MR, as estruturas do percurso do fluxo sinuoso, juntamente com a bobina electromagnética, são concebidas em secções específicas do conjunto de módulos. Este estudo propõe um novo projeto com uma estrutura de válvula MR totalmente modular que pode ser montada em três configurações de estágio diferentes: o módulo de estágio simples, o módulo de estágio duplo e o módulo de estágio triplo.

O conceito básico da configuração do módulo de múltiplos estágios na válvula MR proposta é explicado na Figura 3.1. As descrições do conceito de conceção estrutural foram discutidas em grande pormenor, com a seleção de materiais baseada no desenvolvimento da nova válvula MR proposta. O módulo da válvula MR está dividido em quatro partes principais, as tampas, o invólucro do módulo, os núcleos da válvula e a bobina electromagnética, cada uma das quais é feita de materiais diferentes, como se mostra na Figura 3.1(a). O conceito de circuito magnético é analisado em termos do efeito de conceção estrutural quando sujeito ao campo magnético, que é afetado pelos materiais selecionados. O conceito de circuito magnético também considera o padrão de configuração do percurso do fluxo, de modo a que a direção do fluxo magnético ocorra numa direção transversal perpendicular a algum ponto da área efectiva. As configurações do percurso do fluxo na disposição dos módulos de fase dupla e tripla são apresentadas nas Figuras 3.1 (b) e (c). O procedimento de conceção da geometria estrutural da válvula MR é discutido em relação a aspectos específicos baseados na seleção de materiais, no conceito de linha de fluxo magnético, na estrutura do percurso do fluxo sinuoso e na disposição da configuração multiestágio totalmente modular.

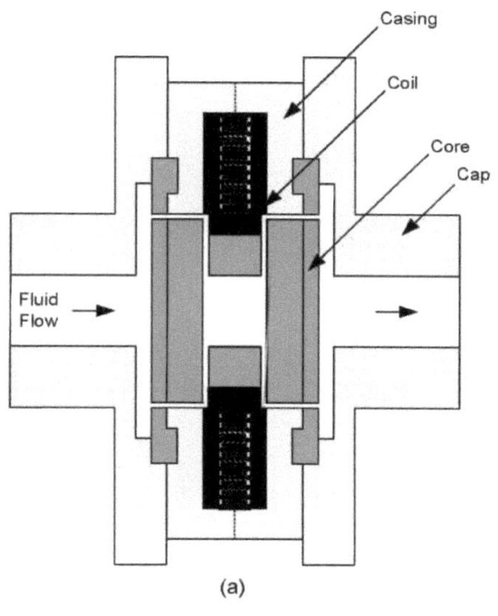

(a)

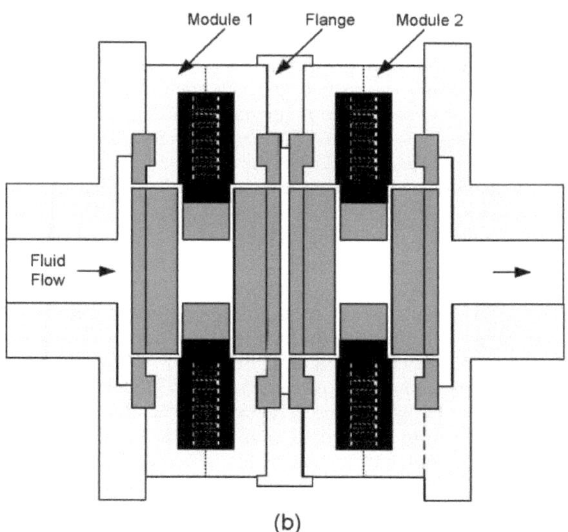

(b)

Figura 3.1 Conceito básico da válvula MR em configuração multiestágio
(a) Válvula MR de fase única, (b) Válvula MR de fase dupla, (c) Válvula MR de fase tripla (continua...)

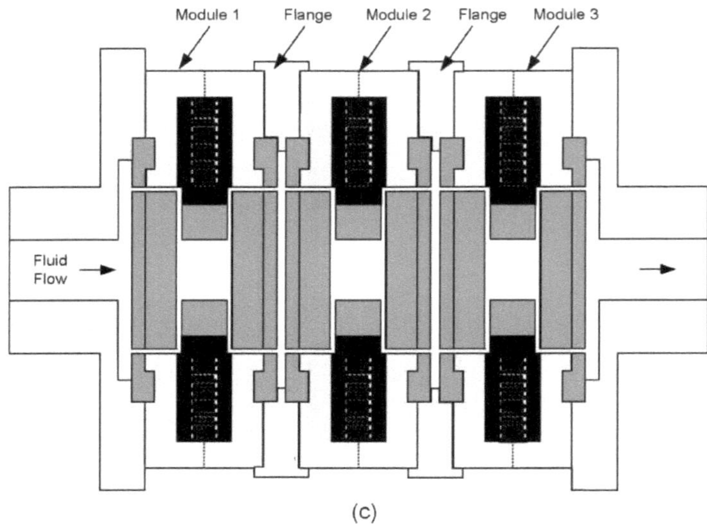

Figura 3.1 Conceito básico da válvula MR em configuração multiestágio
(a) Válvula MR de fase única, (b) válvula MR de fase dupla, (c) válvula MR de fase tripla.

3.2.1 Seleção de materiais

a. Componente com material magnético

A intensidade do campo magnético depende muito de cada material selecionado para os componentes da válvula. O processo de seleção do material é considerado principalmente em termos das propriedades de permeabilidade dos materiais. A permeabilidade dos materiais determina a capacidade de penetração, que afecta a propagação do campo magnético através dos materiais magnéticos [29]. Entretanto, a força do campo magnético é determinada pelas propriedades da bobina electromagnética [49]. Por conseguinte, foram selecionados materiais magnéticos com a permeabilidade mais elevada para obter a válvula com o melhor desempenho na presença de um efeito magnético.

A direção da linha de fluxo magnético é definida pelo material preferido ao longo do canal de fluxo. O aço de alta permeabilidade da American Iron and Steel Institute (AISI) 4140 foi selecionado como o componente de material magnético no desenvolvimento da válvula MR proposta. O AISI 4140 tem um valor moderado de permeabilidade na condutividade do campo magnético [66]. A caraterística do AISI 4140 é a relação não linear entre a densidade do fluxo magnético (*B*) e um campo magnético uniforme, para o qual a curva B-H está representada na Figura 3.2. A curva B-H descreve o valor de determinação da permeabilidade magnética do material magnético AISI 4140. De acordo com a Figura 3.2, a densidade do fluxo magnético de penetração é de cerca de 1,8 Tesla, com um campo magnético de 3,5 kAmp/m.

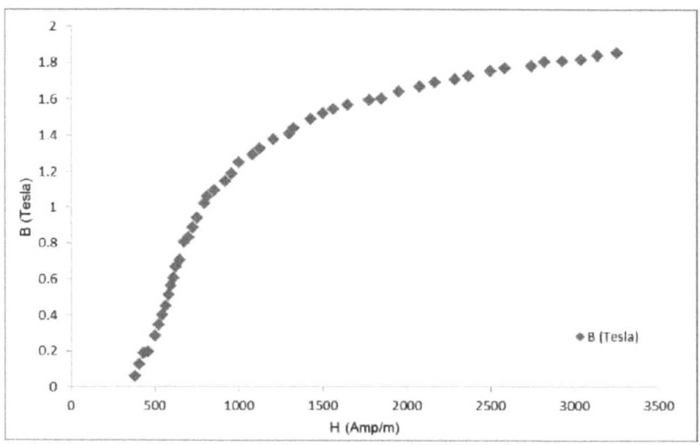

Figura 3.2 Curva B-H caraterística do material magnético AISI 4140 [66].

Os componentes da válvula MR, fabricados em AISI 4140, são constituídos por uma caixa de válvula e um núcleo de válvula. Os componentes estão dispostos lado a lado para guiar a linha de fluxo magnético numa direção perpendicular através do canal de fluxo. O invólucro da válvula está dividido em duas partes, nomeadamente, o invólucro macho e o invólucro fêmea. O núcleo da válvula também é composto por duas partes, nomeadamente, o núcleo do disco e o núcleo do orifício. Com a influência da intensidade do campo magnético, o fluxo magnético percorre o invólucro da válvula e o material magnético no núcleo da válvula guia a linha de fluxo para o núcleo do disco e o núcleo do orifício. As linhas de fluxo saltam o espaço entre o núcleo do disco e o núcleo do orifício. A direção das linhas de fluxo passa pelo percurso do fluxo numa direção transversal perpendicular. A seleção do material magnético é abordada para a válvula MR proposta como se mostra na Tabela 3.1.

Tabela 3.1: Seleção do material magnético para a válvula MR proposta.

Componentes	Material	Observação
Invólucro macho	AISI4140	Material magnético
Invólucro fêmea	AISI4140	Material magnético
Núcleo do disco	AISI4140	Material magnético
Núcleo do orifício	AISI4140	Material magnético

b. Material não magnético do componente

Os materiais não magnéticos são utilizados como factores determinantes no encaminhamento do fluxo de projeto na estrutura da válvula MR, bem como os materiais magnéticos. A liga de alumínio 1100 foi selecionada como o componente de material não magnético. O componente da válvula MR, que é feito de material de baixa permeabilidade AL 1100, consiste nas tampas, no suporte do disco e na flange. Os componentes estão dispostos como peças de contorno para guiar a linha de fluxo magnético. As tampas estão divididas em duas partes, nomeadamente, a tampa macho e a tampa fêmea. A flange é uma peça auxiliar que é utilizada em caso de necessidade de módulos adicionais. As especificações para a seleção do material magnético para a válvula MR proposta são apresentadas na Tabela 3.2.

Tabela 3.2: Seleção de material não magnético para a válvula MR proposta.

Componentes	Material	Observação
Tampa macho	AL 1100	Material não magnético
Tampa fêmea	AL 1100	Material não magnético
Suporte do núcleo do disco	AL 1100	Material não magnético
Bobina da bobina	AL 1100	Material não magnético
Flange	AL 1100	Material não magnético

3.2.2 Conceito de linha de fluxo magnético

A combinação de material magnético de elevada permeabilidade com material não magnético de baixa permeabilidade tem por objetivo proporcionar uma boa via para o fluxo magnético através do corpo da válvula. A combinação de materiais fará com que o fluxo magnético exponha a área efectiva. O aparecimento da relutância do fluxo, que influencia a área efectiva, depende dos parâmetros particulares quando sujeito a uma bobina electromagnética. A bobina electromagnética é feita de 27 SWG (standard wire gauge) com cerca de 200 voltas. O 27 SWG foi escolhido porque o valor da resistência do fio é optimizado, maximizando ao mesmo tempo o número de voltas na área especificada. Na presença da entrada de corrente, a bobina electromagnética irá gerar o campo magnético em torno do corpo da válvula. O conceito básico do fluxo magnético gerado no componente do módulo está representado na Figura 3.3.

No projeto estrutural, a disposição do núcleo do disco e do núcleo do orifício cria a configuração da zona de folga. A Figura 3.3 mostra que a direção dos fluxos magnéticos é o resultado da combinação dos componentes magnéticos e não magnéticos ao longo dos fluxos magnéticos que percorrem o corpo da válvula. A densidade do fluxo magnético é determinada quando a entrada de corrente acciona a bobina electromagnética. A densidade do fluxo magnético passa através das zonas de folga numa direção perpendicular para criar a área efectiva. A área efectiva é a área num determinado ponto da fenda de fluxo que é capaz de regular a viscosidade do fluido durante a presença do efeito magnético.

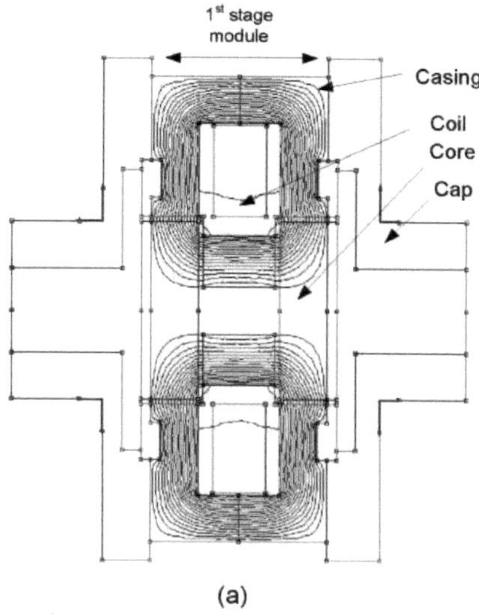

(a)

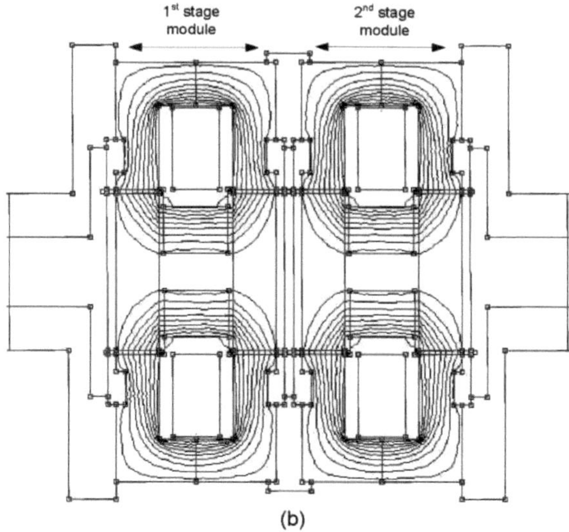

(b)

Figura 3.3 Conceito básico da linha de fluxo magnético (a) Linha de fluxo na válvula MR de fase única, (b) Linha de fluxo na válvula MR de fase dupla, (c) Linha de fluxo na disposição modular de fase tripla da válvula MR. (continua...)

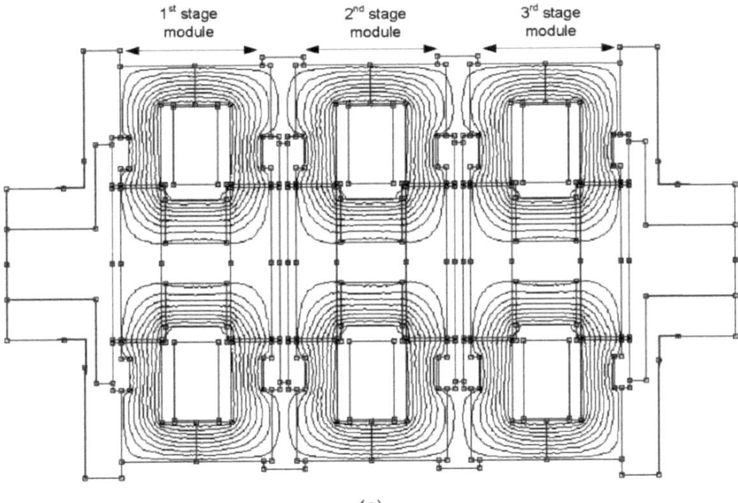

(c)

Figura 3.3 Conceito básico da linha de fluxo magnético (a) Linha de fluxo numa válvula MR de fase única, (b) Linha de fluxo numa válvula MR de fase dupla, (c) Linha de fluxo num módulo de fase tripla da válvula MR.

3.2.3 Estrutura do percurso do fluxo sinuoso

A combinação de material magnético e não magnético leva a que o fluxo se espalhe através do corpo da válvula e do núcleo da válvula antes de atravessar a área efectiva ao longo das vias de escoamento. A área efectiva ocorre nas vias de escoamento do fluido, que incluem a via de escoamento anular, a via radial e uma via de escoamento de orifício. A trajetória de fluxo anular e a trajetória de fluxo radial são criadas a partir da disposição do núcleo do disco, que é fixado na parte do suporte do disco, enquanto a trajetória de fluxo do orifício se deve à disposição do núcleo do orifício no centro da bobina da bobina, que é colocada no interior da válvula. Por conseguinte, a disposição do núcleo do disco e do núcleo do orifício mostra os percursos de fluxo anular, radial e do orifício, o que conduz à estrutura de padrão sinuoso. A estrutura sinuosa liga o canal de fluxo de fluido das portas de entrada à porta de saída. O conceito da estrutura sinuosa do trajeto do fluxo de fluido ao longo do canal de fluxo está representado na Figura 3.4.

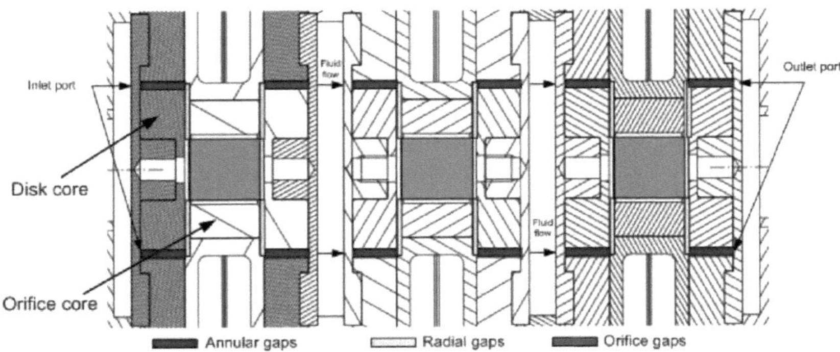

Figura 3.4 Conceito de trajetória do fluxo meandrante no interior da válvula MR proposta.

3.2.4 Configuração de vários estágios

A estrutura primária da válvula MR proposta é tipificada pelos componentes modulares, como se mostra na Figura 3.5(a). O módulo pode ser dividido em quatro partes diferentes, nomeadamente, as tampas, o invólucro do módulo, a bobina e o núcleo do módulo. As tampas foram concebidas para serem feitas de alumínio 1100 e são constituídas por duas partes idênticas. Cada tampa tem quatro orifícios com um diâmetro de 6 mm, que funcionam como parte do mecanismo de bloqueio com parafusos e porcas. O invólucro do módulo é composto por duas partes, nomeadamente, o invólucro da válvula e o suporte do núcleo do disco. Os invólucros macho e fêmea foram fabricados em American Iron and Steel Institute (AISI) 4140, enquanto o suporte do núcleo do disco foi fabricado em alumínio 1100. Entretanto, os núcleos dos discos foram fixados ao suporte dos discos por um parafuso de 2 mm a partir do lado interior dos núcleos dos discos. O parafuso de 2 mm é uma peça comum, fácil de encontrar no mercado e com um valor de permeabilidade semelhante ao dos outros materiais magnéticos utilizados. O núcleo do disco do módulo foi fabricado em AISI 4140 e utilizado para ligar a direção do fluxo magnético de forma circular ao invólucro da válvula. O disco foi fixado no centro da bobina da bobina, que foi feita de AISI 4140. Os núcleos do disco foram fixados ao suporte do disco com a ajuda de um parafuso de 2 mm a partir do lado interior dos núcleos do disco. Por último, a bobina era constituída por uma bobina de alumínio e enrolamentos de fio de cobre, 27 SWG, que estavam firmemente ligados ao núcleo de orifício em aço do componente do núcleo do módulo.

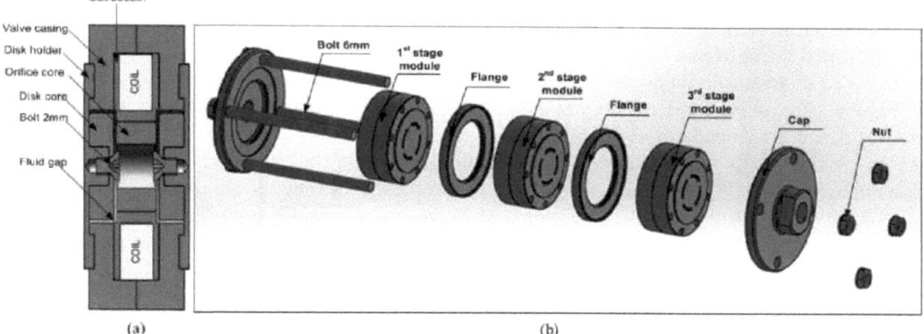

Figura 3.5 Ilustração dos componentes da válvula MR. (a) Vista em corte transversal do módulo, (b) vista explodida.

Uma vez que a conceção da válvula é modular, a prevenção de fugas é fundamental. Por conseguinte, algumas peças foram concebidas para evitar fugas, especialmente a ligação entre a tampa e o corpo da válvula, que cria um canal de fluxo no espaço do canto. Para evitar fugas do canal de fluxo do espaço do canto, a tampa foi concebida com um cotovelo de trincheira dupla com uma profundidade de cerca de 1 mm. Este método também foi utilizado para evitar a possibilidade de fugas na ligação entre o módulo e o módulo através da flange. Os módulos da válvula MR foram fixados por um parafuso M6, e ambas as extremidades foram fixadas por porcas em cada orifício das tampas, como se mostra na Figura 3.5(b). A flange é necessária para ligar os módulos, de modo a que a válvula possa ser facilmente ajustada, adicionando ou removendo o módulo para diferentes configurações de estágio. A flange foi também concebida para ser robusta em termos de resistência mecânica e para evitar fugas.

São discutidas e analisadas três configurações diferentes de válvulas, a válvula com módulos de fase única, de fase dupla e de fase tripla. Para a disposição de módulos de várias fases, a configuração da válvula MR contém duas tampas, um par de flanges, um módulo de fase única e um módulo de fase dupla e tripla. A configuração em pilha da válvula MR é apertada por um parafuso M6 e ambas as extremidades são fixadas por porcas em cada orifício das tampas, como se mostra na Figura 3.5(b). Espera-se que a válvula MR com um conceito modular proporcione maior flexibilidade em termos de tamanho, de modo a poder ser instalada em várias aplicações que exijam diferentes valores de queda de pressão da válvula. Uma vez que o desempenho da válvula MR é definido pelo número de módulos dispostos na configuração. O número de estágios na configuração deve proporcionar diferentes quedas de pressão em termos de desempenho da válvula MR. Por conseguinte, é necessário determinar a perda de carga alcançável de cada estágio para considerar o efeito da adição de módulos apresentada na disposição da válvula MR. Parte-se do princípio de que a perda de carga total da válvula MR nos módulos de vários estágios pode ser diretamente determinada pela multiplicação das perdas de carga num arranjo de um único estágio pelo número de válvulas MR.

3.3 Simulação magnética

O desempenho da válvula MR é inicialmente determinado pela simulação das densidades do fluxo magnético para avaliar a intensidade do campo magnético na área efectiva [65,67,68]. Uma vez que a intensidade do campo magnético é difícil de medir experimentalmente, a simulação magnética é utilizada para prever a intensidade do campo magnético para analisar o projeto estrutural da válvula MR. A simulação magnética é efectuada utilizando o software FEMM. Para obter os resultados, é necessário definir vários parâmetros, ou seja, variáveis de geometria, condições de fronteira e propriedades do material. Os resultados da simulação magnética são fornecidos na densidade do fluxo magnético num determinado ponto da área efectiva, que pode ser utilizado para determinar o valor da tensão de cedência em função da intensidade do campo magnético.

3.3.1 Método dos elementos finitos Simulação magnética

a. Simulação magnética em arranjo de módulo de estágio único

A simulação da distribuição da densidade do fluxo magnético na válvula MR é apresentada na Figura 3.6, na Figura 3.7 e na Figura 38. Para efetuar a simulação, é necessário estabelecer inicialmente vários parâmetros. A bobina de cada módulo da válvula tem 200 voltas de fio de cobre 27 SWG com uma resistência total de 1,6 Q. O consumo máximo de energia da válvula MR, aplicando uma corrente eléctrica máxima de 1,0 A, é de apenas 1,6 Watt. As propriedades magnéticas dos materiais não magnéticos, alumínio, fio de cobre e ar, foram assumidas como sendo lineares. As propriedades magnéticas dos materiais magnéticos, como o aço 4140 e o MRF 132DG, seguiram a curva BH indicada no pacote de software e fornecida pelo fabricante.

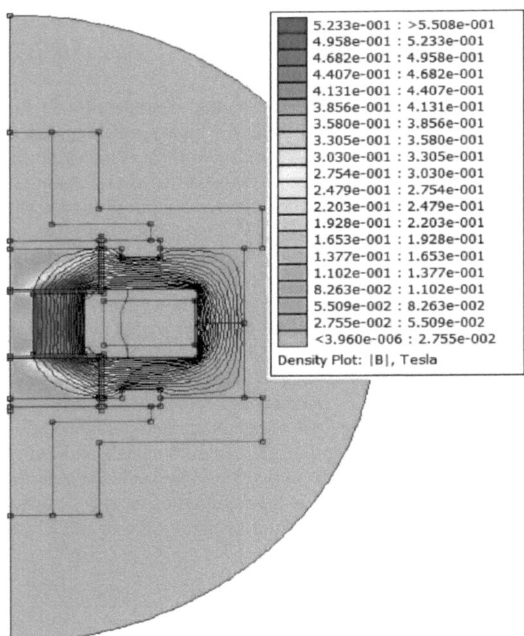

Figura 3.6 A densidade do fluxo magnético da válvula MR de módulo de fase única utilizando o software FEMM.

b. Simulação magnética em arranjo de módulos de duplo estágio

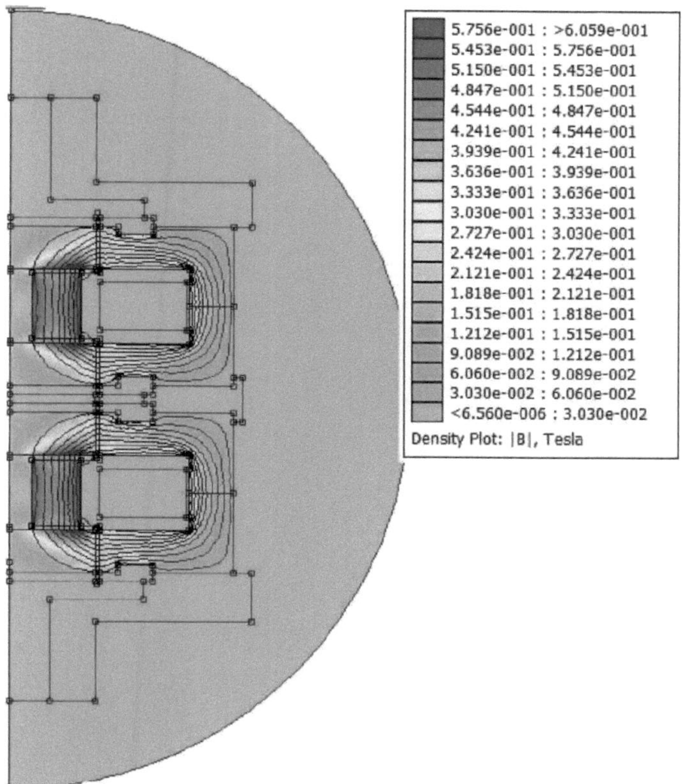

Figura 3.7 A densidade do fluxo magnético da válvula MR de módulo de duplo estágio utilizando o software FEMM.

c. Simulação magnética em arranjo de módulos de três estágios

Os resultados dos modelos bidimensionais com malha no FEMM são apresentados nas Figuras 3.6, 3.7 e 3.8. Os resultados descrevem a distribuição da densidade de fluxo magnético alcançável na entrada de corrente limitada de 1,0 A. A densidade de fluxo de distribuição na simulação do módulo de estágio único é mostrada como sendo em média 0,11 a 0,53 T. A densidade de fluxo de distribuição observada no módulo de estágio duplo foi mostrada entre 0,12 a 0,55 T, enquanto os valores de densidade de fluxo de distribuição que ocorrem no módulo de estágio triplo foram mostrados entre 0,11 a 0,53 T. A densidade de fluxo é distribuída para o corpo da válvula com uma gama semelhante de valores para o campo magnético. O valor tem resultados semelhantes, o que é mostrado no estágio único, bem como na presença do módulo adicional.

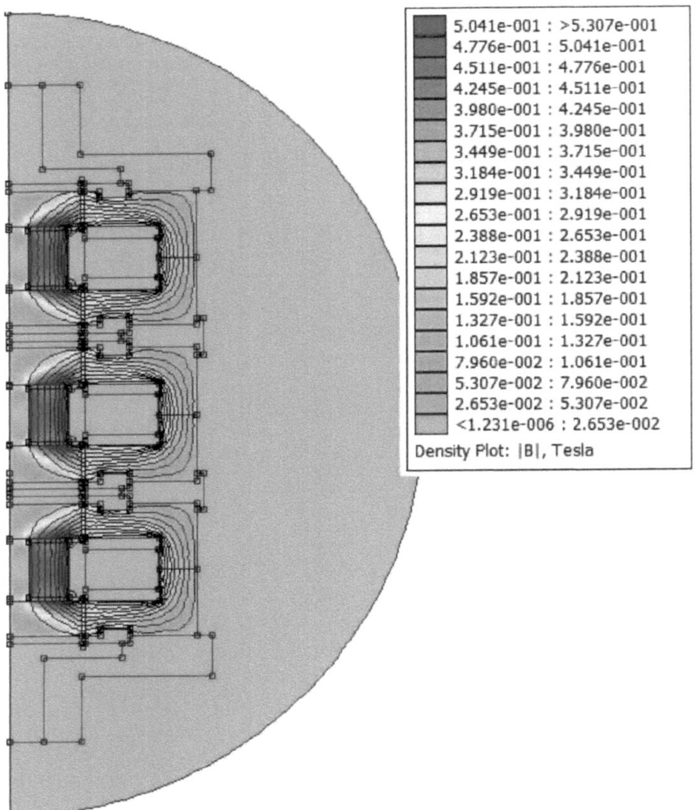

Figura 3.8 A densidade do fluxo magnético da válvula MR de módulo de três fases utilizando o software FEMM.

3.3.2 Resultados da simulação magnética

Os resultados da simulação magnética ao longo da trajetória do fluxo de fluido para os módulos de fase simples, fase dupla e fase tripla são apresentados nas Figuras 3.9, 3.10 e 3.11, respetivamente. Os resultados são descritos em valores de densidade de fluxo magnético e mostram um aumento consistente com o incremento da corrente de entrada na bobina electromagnética. As variações nos valores da densidade do fluxo magnético podem ser descritas como a diferença da densidade do fluxo magnético na zona anular, radial e do orifício. A densidade de fluxo mais elevada é observada na zona radial, que é mostrada entre 0,44 T a 1,0 A de corrente de entrada. A segunda densidade de fluxo mais elevada ocorreu nas aberturas de fluxo anulares, ou seja, 0,26 T a 1,0 A de corrente de entrada. Entretanto, a fenda do orifício tem a densidade de fluxo média mais baixa, que pode ser negligenciada. Também se registam padrões semelhantes no módulo de fase dupla e tripla, em que o segundo e o terceiro módulos apresentam a mesma variação de valores de fluxo magnético que o primeiro módulo.

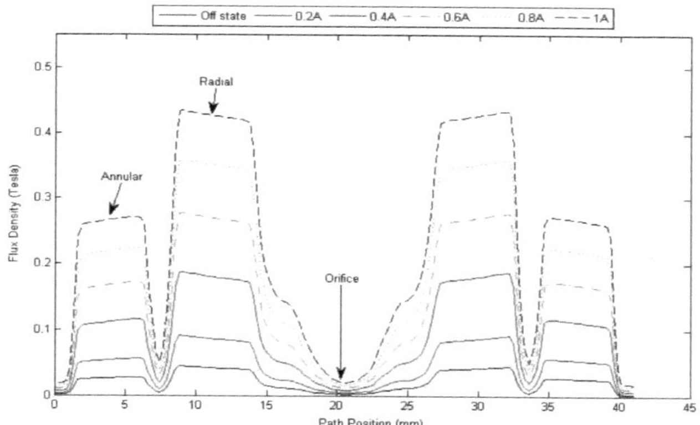

Figura 3.9 Densidade do fluxo magnético ao longo da trajetória do fluxo em fase única.

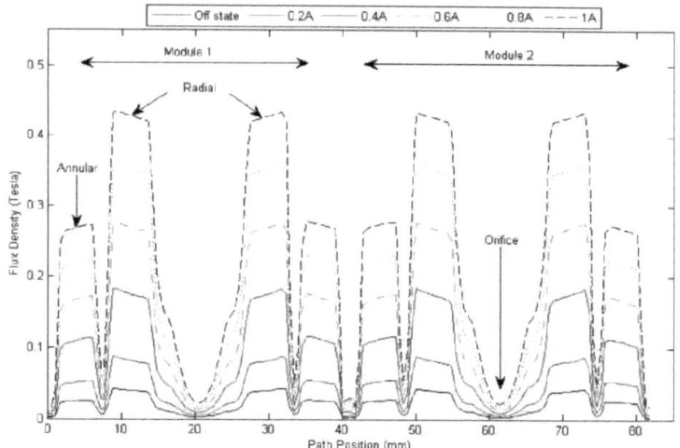

Figura 3.10 Densidade do fluxo magnético ao longo da trajetória do fluxo em duplo estágio.

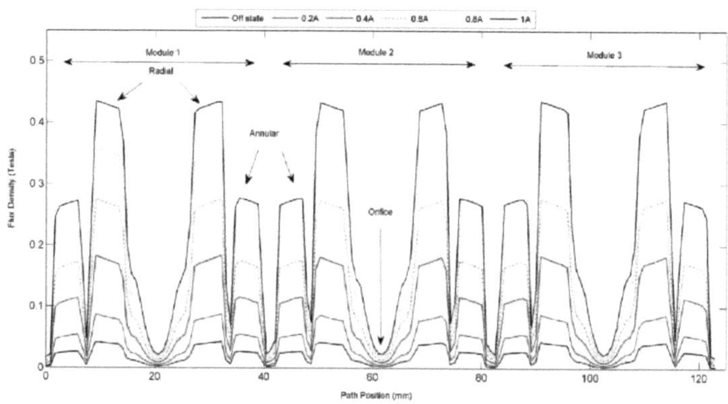

Figura 3.11 Densidade do fluxo magnético ao longo da trajetória do fluxo em fase tripla.

3.4 Modelação da válvula MR

Os resultados da densidade do fluxo magnético são utilizados para determinar a tensão de cedência do

fluido MR na área efectiva, uma vez que o valor da tensão de cedência do fluido MR depende muito da intensidade do campo magnético. Cada fluido MR tem uma caraterística diferente de sensibilidade à tensão de cedência em relação à intensidade do campo magnético. Neste estudo, o MRF-132DG da Lord Corp. [33], que tem sido amplamente utilizado noutros estudos, é utilizado. A relação entre a tensão de cedência e a densidade de fluxo magnético do MRF-132DG pode ser aproximada através de uma equação polinomial [69-73], como se mostra na equação (2.8). Uma vez que existem variações nos valores da densidade do fluxo magnético em cada zona, a tensão de cedência estimada em cada zona também será diferente. Por conseguinte, o cálculo da perda de carga prevista em cada zona deve ser efectuado separadamente, com diferentes equações determinantes. Para simplificar a derivação das equações, as equações determinantes da válvula MR são separadas em três equações diferentes para cada zona, ou seja, anular, radial e de orifício, como mostra a Figura 3.12.

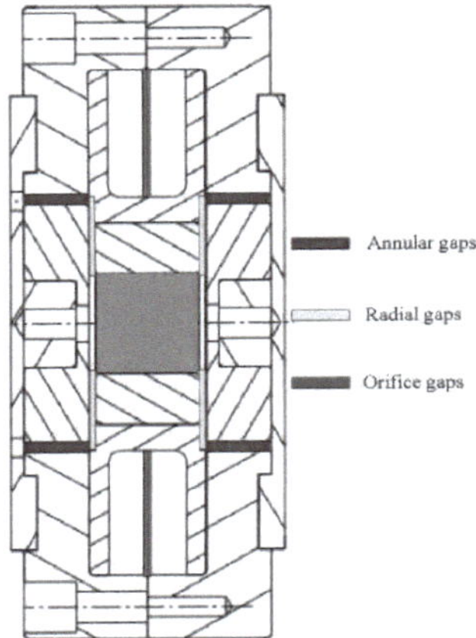

Figura 3.12 Classificação da zona de folgas na válvula do módulo MR.

Em geral, a modelação quase-estacionária da válvula MR consiste em duas partes, a parte da perda de carga viscosa e a parte da perda de carga dependente do campo. A perda de carga viscosa é determinada principalmente pela viscosidade do fluido e pelo caudal do fluido. A perda de carga dependente do campo da válvula MR é a que pode ser alterada magneticamente, uma vez que o valor é determinado pela tensão de cedência do fluido, na qual o valor é influenciado pelo campo magnético. As expressões gerais da queda de pressão (AP) numa válvula MR anular podem ser expressas utilizando a equação quase estável [17]:

$$\Delta P = \Delta P_{viscous} + \Delta P_{yield} \tag{3.1}$$

$$\Delta P_{viscous} = \frac{6\eta Q L}{\pi d^3 R} \tag{3.2}$$

$$\Delta P_{yield} = \frac{c\tau(B)L}{d} \tag{3.3}$$

em que q é a viscosidade do fluido, Q é o caudal do fluido, L é o comprimento do canal anular, d é o tamanho da fenda do canal e R é o raio do canal, compreendem as variáveis que determinam a perda de carga viscosa. Entretanto, a componente da perda de carga dependente do campo é a tensão de cedência,

$\tau(B)$, em função da densidade do fluxo magnético, B, do tamanho da fenda do canal, d, do comprimento do canal, L, e do coeficiente da função de fluxo, c, que se obtém calculando o rácio entre a perda de carga dependente do campo e a perda de carga viscosa, como se mostra na seguinte equação [21]:

$$c = 2.07 + \frac{12Q\eta}{12Q\eta + 0.8\pi R d^2 \tau(B)} \tag{3.4}$$

Para as folgas radiais, a perda de carga viscosa e a perda de carga de cedência podem ser expressas como [18]:

$$\Delta P_{viscous} = \frac{6\eta Q}{\pi d^3} \ln\left(\frac{R_1}{R_0}\right) \tag{3.5}$$

$$\Delta P_{yield} = \frac{c\tau(B)}{d}(R_1 - R_0) \tag{3.6}$$

em que R e R são os raios exterior e interior do canal radial, respetivamente.

Entretanto, a expressão analítica da perda de carga na zona do orifício é retirada de Grundwald e Olabi [16] com a eliminação da componente da perda de carga dependente do campo devido aos valores negligenciáveis da densidade do fluxo magnético.

$$\Delta P_{orifice} = \frac{8\eta Q L_o}{\pi R_o^4} \tag{3.7}$$

A partir da Figura 3.12, pode ver-se que existem duas folgas anulares, duas folgas radiais e uma folga de orifício no módulo de fase única. Usando as expressões para a queda de pressão anular e radial nas equações. (3.2) a (3.8), a perda de carga em regime quase-estacionário do módulo da válvula MR é descrita pela seguinte equação:

$$\Delta P_{valve} = 2\left[\frac{6\eta Q L_a}{\pi d_a^3 R_a} + \frac{c_a \tau_a(B) L_a}{d_a}\right] + 2\left[\frac{6\eta Q}{\pi d_r^3}\ln\left(\frac{R_1}{R_0}\right) + \frac{c_r \tau_r(B)}{d_r}(R_1 - R_0)\right] + \frac{8\eta Q L_o}{\pi R_o^4} \tag{3.8}$$

Na presença de um módulo adicional, as caraterísticas da distribuição do campo magnético no primeiro módulo repetem-se. Por conseguinte, utilizando o modelo quase-estacionário para a disposição do módulo de várias fases, é possível generalizar devido aos parâmetros dimensionais semelhantes e ao padrão de repetição da intensidade do campo magnético. Uma vez que o módulo adicional actua basicamente como uma repetição do primeiro módulo, o modelo quase-estático do módulo de várias fases pode ser simplificado e expresso pelo fator n em relação ao número de fases. O modelo quase-estacionário generalizado para a configuração do módulo de n estágios é mostrado na equação a seguir:

$$\Delta P_{valve} = 2n\left[\frac{6\eta Q L_a}{\pi d_a^3 R_a} + \frac{c_a \tau_a(B) L_a}{d_a}\right] + 2n\left[\frac{6\eta Q}{\pi d_r^3}\ln\left(\frac{R_1}{R_0}\right) + \frac{c_r \tau_r(B)}{d_r}(R_1 - R_0)\right] + n\frac{8\eta Q L_o}{\pi R_o^4} \tag{3.9}$$

Para poderem ser utilizadas nas avaliações analíticas, estas equações derivadas devem ser combinadas com o valor calculado da tensão de cedência para cada zona, bem como com os parâmetros dimensionais da válvula MR apresentados na Tabela 3.3 e representados pela ilustração da Figura 3.13.

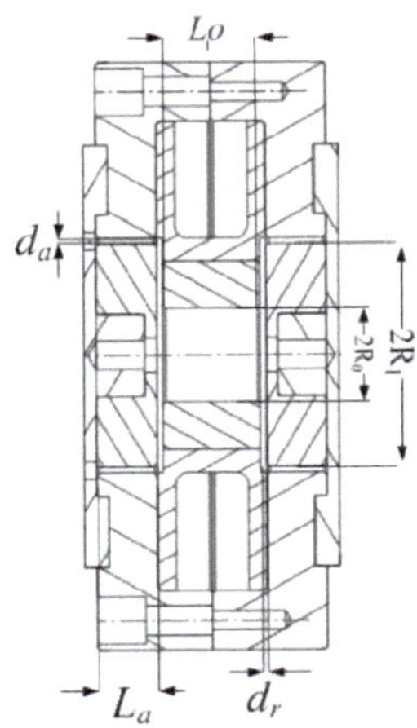

Figura 3.13 Dimensão variável da válvula MR do módulo.

Tabela 3.3: Parâmetros da válvula MR modular.

Parâmetros	Descrições	Unidades	Valor
TJ (MRF-132DG)	Viscosidade do fluido	Pa-s	0.112
Q	Caudal	$ml.s^{-1}$	45
^{d}a	Tamanho da fenda anular	mm	0.5
^{d}r	Tamanho da fenda radial	mm	0.5
L_a	Comprimento da fenda anular	mm	5
$^{L}0$	Comprimento da abertura do orifício	mm	7.5
$R1 = Ra$	Raio exterior radial	mm	9.5
$^{R}0 = o^{R}$	Raio interior/do orifício radial	mm	2.5

3.5 Previsão da queda de pressão

Uma vez que a intensidade do campo magnético foi determinada através da simulação FEMM, a densidade de fluxo é utilizada para calcular a tensão de cedência para o MRF 132 DG com base na aproximação polinomial da equação (2.8). Os valores da tensão de cedência em cada zona de folga são determinados utilizando a fórmula da queda de pressão, equações (3.8) a (3.9). As dimensões variáveis da válvula modular MR na Tabela 3 são úteis quando se empregam estas relações matemáticas.

3.5.1 Efeito das variações da entrada de corrente

Os resultados estimados para a perda de carga com a variação da corrente de entrada são apresentados na Figura 3.14. Os resultados são desenvolvidos descrevendo a perda de carga separadamente de cada zona, bem como a perda de carga total. Como já foi referido, uma vez que os valores da tensão de cedência em cada zona são diferentes, existem diferenças no valor da perda de carga da zona anular, radial e do orifício. Como se mostra na Figura 3.14, a perda de carga total da válvula proposta está de acordo com o caudal de 45,0 ml.s^{-1} e a corrente aplicada de 1,0 A é de cerca de 2,20 MPa, em que a perda de carga das aberturas radiais apenas contribui com cerca de 1,50 MPa e a abertura anular contribui com cerca de 0,70 MPa. Uma vez que a força magnética na abertura do orifício é negligenciável, a tensão de cedência do fluido MR na abertura do orifício e a queda de pressão que pode ser gerada pela abertura do orifício são muito baixas, pelo que podem ser negligenciadas.

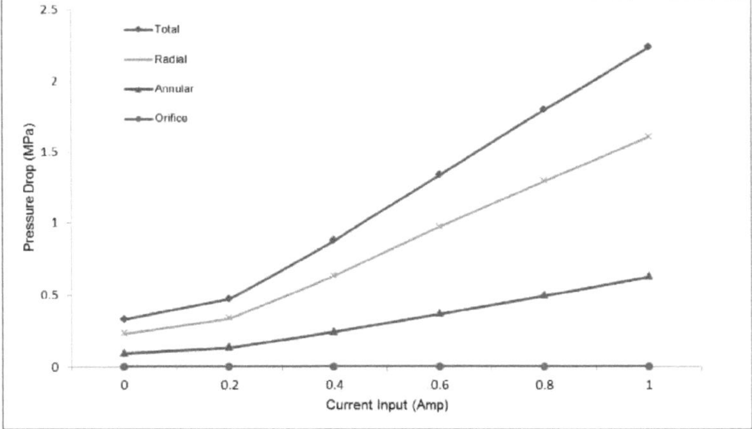

Figura 3.14 Previsão da queda de pressão em cada zona de um só estágio.

Os resultados previstos para a perda de carga nas configurações de módulos multiestágio são apresentados na Figura 3.15. Os resultados descrevem a melhoria da queda de pressão alcançável devido à presença de fases adicionais. Como referência, quando a previsão da queda de pressão alcançável para o estágio único é de cerca de 2,20 MPa, nas mesmas condições, o estágio duplo tem uma queda de pressão de 4,30 MPa, enquanto o estágio triplo pode alcançar uma queda de pressão de cerca de 6,30 MPa. A partir destes resultados, pode concluir-se que o aumento da entrada de corrente e do número de estágios tem um impacto positivo na melhoria da queda de pressão alcançável da válvula MR.

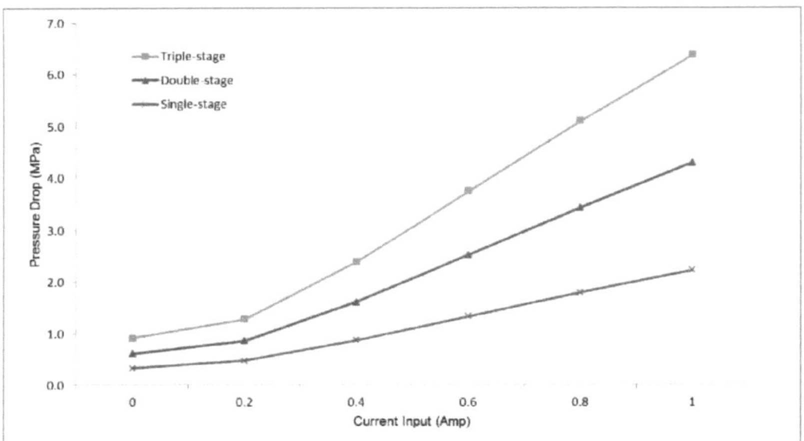

Figura 3.15 Previsão da queda de pressão na configuração do módulo multiestágio.

3.5.2 Efeito da variação do caudal

A relação entre a perda de carga e o caudal num módulo de um só estágio, variando o caudal de 9,0 para 45,0 ml.s^{-1} é apresentada na Figura 3.16. Os resultados da Figura 3.16 mostram que também é possível obter uma maior perda de carga alterando o caudal. Tal como descrito no modelo, teoricamente, o caudal tem uma relação proporcional com a perda de carga viscosa. Por conseguinte, a inclinação da curva da perda de carga em relação ao caudal da válvula MR permanece constante, mesmo quando a bobina é carregada com várias entradas de corrente. Além disso, teoricamente, os efeitos da corrente incremental actuam mais como uma polarização da perda de carga na curva da pressão para o caudal.

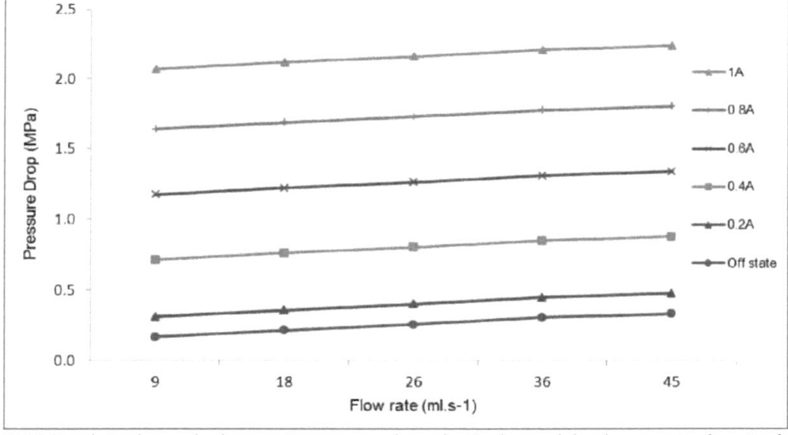

Figura 3.16 Previsão da queda de pressão em caso de variação do caudal e da corrente de entrada de um só estágio.

As caraterísticas da perda de carga fora do estado com o caudal na configuração multiestágio são explicadas na Figura 3.17. A queda de pressão fora de estado está relacionada com a condição sem qualquer efeito magnetorheológico do fluido MR [74-76]. A variação do caudal na condição de estado de repouso de 9,0 para 45,0 ml.s^{-1} aumenta simultaneamente a perda de carga no estado de repouso. Na configuração de estágio único, sabe-se que a queda de pressão fora do estado é de cerca de 0,33 MPa a um caudal de 45,0 ml.s^{-1} . Nos estágios adicionais, nomeadamente, nas configurações de estágio duplo e triplo, as quedas de pressão fora do estado são de cerca de 0,61 MPa e 0,92 MPa, respetivamente. A linha de declive da queda de pressão aumenta quando o caudal se altera com as várias excitações do caudal. O declive da queda de pressão tem uma relação proporcional com a presença da adição do módulo. O número de estágios do módulo no estágio simples, no estágio duplo e no estágio triplo causa um aumento proporcional na queda de pressão fora do estado.

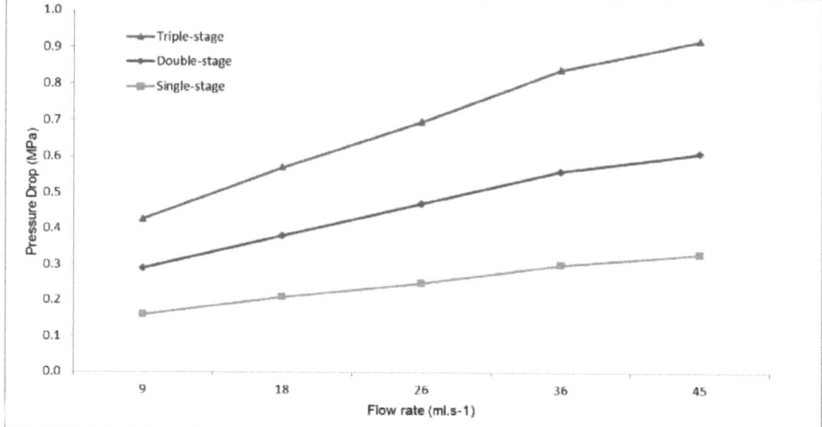

Figura 3.17 Caraterística da perda de carga fora de estado na configuração multiestágio.

Entretanto, as caraterísticas de uma queda de pressão no estado com o caudal na configuração de várias fases são apresentadas na Figura 3.18. Os resultados mostram que a queda de pressão no estado a um caudal de 45,0 ml.s^{-1} do estágio simples é de cerca de 2,20 MPa, para o estágio duplo é de cerca de 4,30 MPa e no estágio triplo é de cerca de 6,30 MPa. O declive no estado ligado nestas três configurações de estágio diferentes permanece o mesmo que o declive no estado desligado, o que prova que a entrada de corrente apenas adiciona a polarização da queda de pressão. Considerando o valor da perda de carga fora de estado, a gama do efeito MR com um caudal de 45,0 ml.s^{-1} e uma entrada de corrente de 1,0 A para o estágio simples, o estágio duplo e o estágio triplo é de cerca de 1,90, 3,70 e 5,40 MPa, respetivamente.

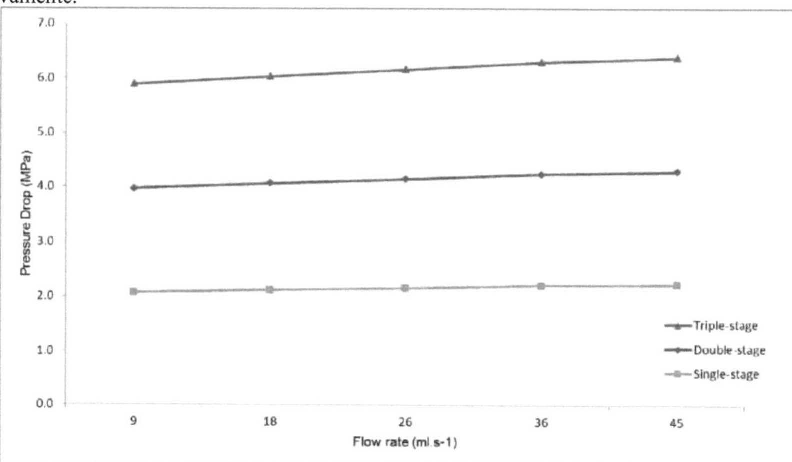

Figura 3.18 Caraterística da perda de carga em estado ativo na configuração multiestágio.

3.5.3 Efeito da configuração do palco

A previsão do desempenho da caraterística de queda de pressão com a variação da corrente de entrada na configuração do módulo de múltiplos estágios é mostrada na Figura 3.19. A corrente de entrada foi variada de 0 a 1,0 A e, simultaneamente, o número de estágios foi ajustado de estágio simples para estágio duplo e estágio triplo. Na condição de estado desligado, ou seja, 0 A, o ajuste do número de estágios de estágio único para estágio triplo aumentou com sucesso a queda de pressão de 0,30 para 0,90 MPa. Na relação do estado ligado, ou seja, de 0,2 a 1,0 A, a linha de tendência da queda de pressão saltou de um nível baixo para um nível mais elevado, através de um aumento gradual em relação ao ajuste do intervalo de várias entradas de corrente. Na entrada de corrente limitada a 1,0 A, o ajuste da configuração do estágio de estágio único para estágio triplo mostra um aumento nos valores de queda de pressão de 2,20 para 6,30 MPa. A linha de tendência da perda de carga tem uma relação linear com a adição de módulos. Portanto, a perda de carga tende a aumentar simultaneamente com os módulos adicionais e a variação da corrente de entrada.

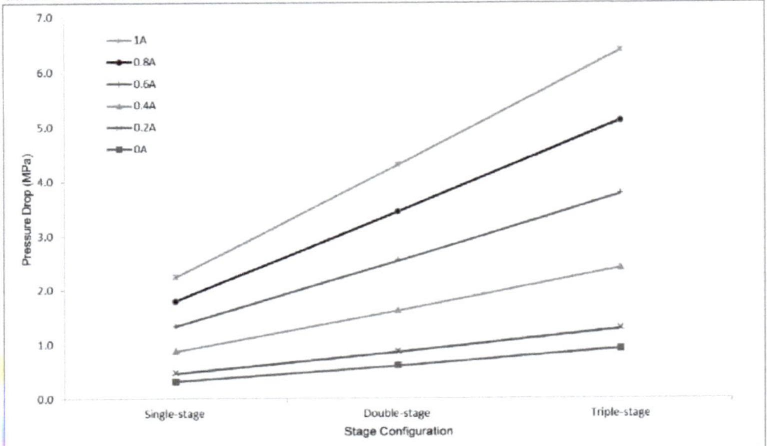

Figura 3.19 Linha de tendência da queda de pressão em função da adição modular com várias entradas de corrente.

3.6 Resumo do capítulo 3

Foi explicado em pormenor um novo conceito de válvula MR modular multiestágio. Foi desenvolvida uma nova válvula MR a partir do desenho geométrico concetual para uma compreensão abrangente da seleção de materiais. O conceito de padrão de fluxo de fluido foi adotado a partir das vantagens da utilização de múltiplas aberturas radiais anulares dispostas numa estrutura sinuosa. O projeto da válvula baseou-se num conceito totalmente modular, em que o módulo pode ser montado numa configuração de módulo de fase única, fase dupla ou fase tripla. Posteriormente, o projeto concetual foi simulado utilizando o software FEMM para analisar o desempenho estrutural em termos de condutividade magnética quando exposto a um fluxo magnético. As simulações foram efectuadas em diferentes configurações de fases do módulo para obter o valor da densidade do fluxo magnético. A densidade magnética foi utilizada para determinar a tensão de cedência da força magnética com base na previsão da queda de pressão. A previsão também foi realizada variando a entrada de corrente e o caudal para definir a relação com a queda de pressão em termos do desempenho da válvula MR. Os resultados previstos mostraram que o aumento do desempenho da válvula MR também dependia da variação do caudal, da entrada de corrente e do número de fases.

O resumo do processo de investigação no capítulo 3 é apresentado na Figura 3.20.

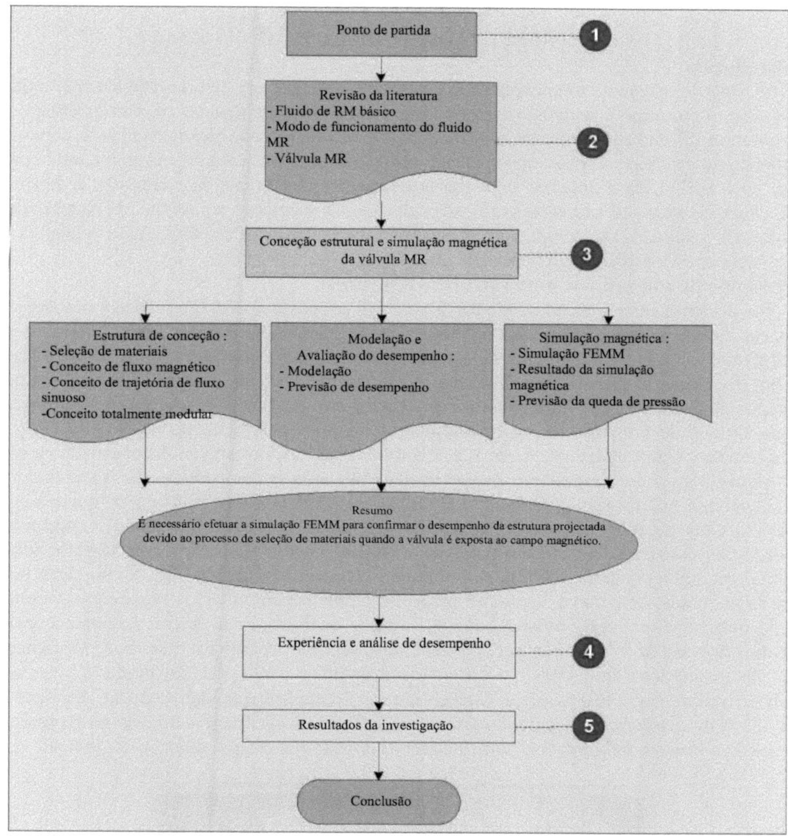

Figura 3.20 Resumo do processo de investigação no capítulo 3.

CAPÍTULO 4
RESULTADOS E DISCUSSÃO

4.1 Introdução

Este capítulo apresenta uma explicação do protótipo do projeto de uma válvula MR modular de vários estágios. O protótipo é projetado e fabricado à escala real para realizar os ensaios experimentais. Os procedimentos de avaliação experimental medem a queda de pressão alcançável como demonstração do desempenho do protótipo. O protótipo é testado utilizando uma máquina de ensaio dinâmico de fadiga hidráulica, série EHF-L da Shimadzu, com várias excitações de frequência e entradas de corrente. Os resultados experimentais são validados com os resultados das medições em termos de padrões de dados de resultados. Os resultados são comparados utilizando a avaliação do erro relativo para validar os valores de convergência entre a medição e a previsão.

4.2 Protótipo de conceção de uma válvula MR modular

A fim de demonstrar o desempenho da válvula MR proposta, foram fabricados protótipos à escala real das peças da válvula para utilização nos ensaios experimentais. O componente principal da válvula MR foi fabricado em três módulos, que podem ser montados numa configuração de módulos de várias fases. A fim de realizar o projeto para uma disposição em várias fases, a tampa foi fabricada em duas partes, tampas macho e fêmea, os módulos foram criados em três unidades e a flange foi fabricada em duas partes. O módulo é composto por três componentes principais, o corpo da válvula, o núcleo da válvula e a bobina electromagnética. A válvula MR modular de vários estágios foi instalada na célula de teste da válvula MR antes de realizar a experiência utilizando o equipamento de teste dinâmico. O protótipo da válvula MR foi testado módulo a módulo para confirmar a semelhança da queda de pressão alcançável em cada módulo. Subsequentemente, o protótipo foi testado utilizando a combinação de módulos de várias fases para determinar a queda de pressão alcançável na presença de módulos adicionais.

Uma vez que o conceito de válvula é modular, a conceção estrutural da válvula deve poder ser montada e desmontada, bem como facilitar a troca das partes constituintes. A conceção estrutural deve também, no que respeita à resistência mecânica, impedir qualquer fuga. A fim de obter a resistência mecânica da estrutura da válvula, as peças foram selecionadas a partir de materiais magnéticos e de materiais não magnéticos com uma condutividade magnética conhecida, de modo a obter a maior intensidade de campo magnético possível. O protótipo da válvula MR modular proposta está representado na Figura 4.1. A discussão relativa à configuração modular de vários estágios da válvula proposta é feita de acordo com as várias configurações, nomeadamente, arranjos de estágio único, estágio duplo e estágio triplo.

Figura 4.1 Protótipo de válvula MR com um conceito modular.

4.2.1. Arranjo modular de fase única

O módulo é o componente-chave da disposição em várias fases da válvula MR proposta. A figura 4.2 apresenta pormenores das partes estruturais da válvula MR modular. A partir da vista explodida, pode ver-se que o módulo é composto por um par de invólucros que incluem o invólucro macho e o invólucro fêmea, um par de suportes de disco, um par de núcleos de disco, um núcleo de orifício, uma bobina e uma bobina electromagnética. O núcleo do orifício é colocado em forma circular com um orifício no centro que cria uma abertura de orifício no interior da válvula MR. O núcleo do orifício é encaixado na parte central da bobina da bobina, enquanto que, na parte exterior, o fio da bobina é enrolado à volta da bobina da bobina.

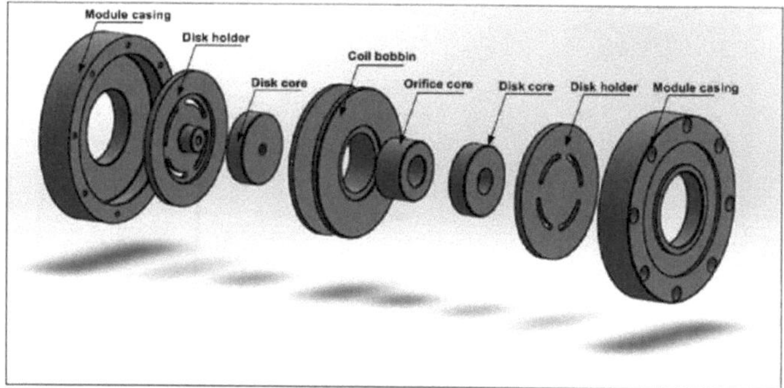

Figura 4.2 Vista explodida das peças modulares do componente da válvula MR

No que se refere à Figura 4.2, os núcleos do disco, que são de forma circular, têm um orifício central, em que o diâmetro exterior é maior do que o diâmetro interior do núcleo do disco. O comprimento do diâmetro exterior do núcleo do disco é representado pelas folgas anulares e as paredes interiores do núcleo do disco criam as folgas de fluxo radial. A superfície da parede interna do suporte do disco é feita para sobressair para acomodar o orifício no centro, que segura o núcleo do disco por meio de um parafuso adequado. Os invólucros dos módulos, que são circulares, são concebidos com um diâmetro maior para fixar as várias outras peças numa disposição modular.

A disposição da válvula MR modular na configuração de um só estágio é apresentada na Figura 4.3. A válvula MR modular de um só estágio é composta por uma válvula MR modular, um par de tampas e um parafuso para fixar o arranjo. Para montar o módulo de um só estágio da válvula MR, o módulo é colocado entre os tampões, macho e fêmea. O invólucro do módulo e os suportes do disco encaixam na parede interior de cada cabeçalho, tanto para a tampa macho como para a tampa fêmea. Cada parafuso, que se estende para o interior em cada orifício das tampas, tanto masculinas como femininas, é apertado em ambas as extremidades pelas porcas nas paredes exteriores das tampas, para fixar a disposição modular de fase única da válvula MR.

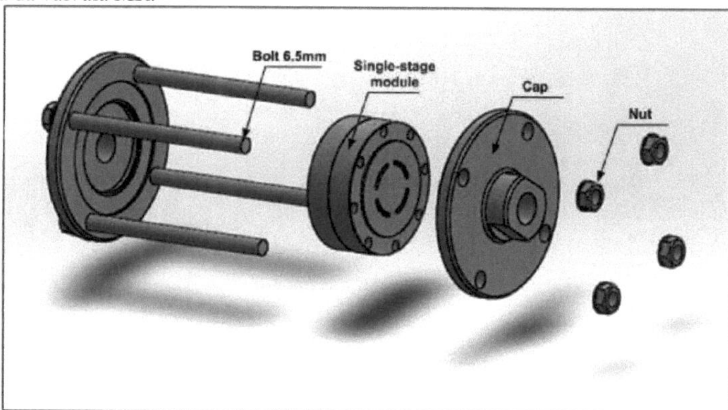

Figura 4.3 Disposição dos componentes da válvula MR modular de um só estágio.

4.2.2. Disposição do módulo de duplo estágio

Os arranjos de módulos de duplo estágio são compostos por dois módulos de válvulas MR, um par de tampas de topo, um flange e vários parafusos para fixar o arranjo. Para montar os vários componentes num arranjo de duplo estágio, os dois módulos são colocados no centro entre os tampões, enquanto o flange é colocado entre os módulos para conectar na configuração de pilha. A flange também separa as válvulas MR modulares umas das outras. A ilustração da disposição modular na configuração de módulo de duplo estágio está representada na Figura 4.4.

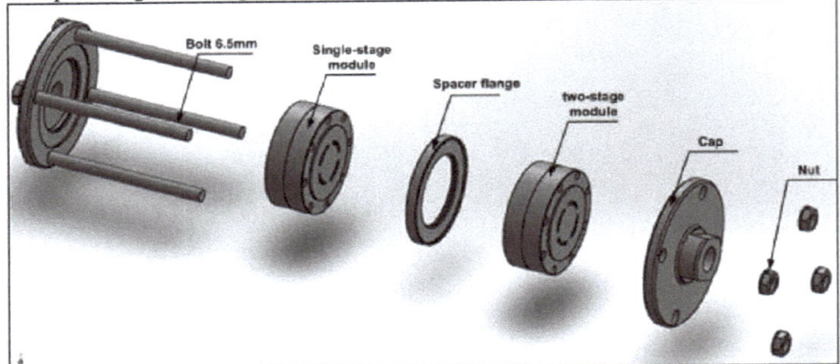

Figura 4.4 Disposição dos componentes da válvula MR modular de duplo estágio.

O invólucro da válvula e o suporte do disco do módulo estão em contacto com a parede interior da tampa da cabeça macho. A caixa do módulo e o suporte do disco da válvula MR do módulo estão em contacto com a flange, em que a caixa do módulo e o suporte do disco da válvula MR do módulo estão virados para o orifício da flange. Com a adição de outra fase do módulo, o segundo módulo é colocado entre a flange e a tampa de topo fêmea. A caixa do módulo e o suporte do disco estão em contacto com a flange, na qual o módulo da válvula MR está virado para o orifício da flange. O invólucro do módulo e o suporte do disco do outro lado estão em contacto com a parede interior da tampa do cabeçalho fêmea. Vários parafusos, que se estendem para o interior em cada orifício dos tampões, macho e fêmea, são apertados nas extremidades dos parafusos pelas porcas nas paredes exteriores dos tampões para fixar a disposição da válvula MR modular de dois estágios.

4.2.3. Arranjo modular de tripla fase

As disposições modulares de fase tripla são compostas por três válvulas MR modulares, um par de tampas de topo, duas flanges e vários parafusos para fixar a disposição. Para montar os componentes no arranjo de estágio triplo, os três módulos são colocados no centro entre os tampões de direção, enquanto o flange é colocado entre os módulos para separar os módulos ao longo da configuração da pilha. A ilustração do arranjo modular para a configuração do módulo de estágio triplo está representada na Figura 4.5.

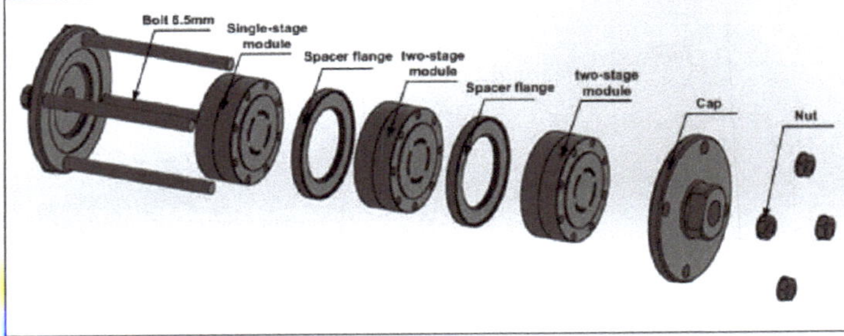

Figura 4.5 Disposição dos componentes da válvula MR modular de estágio triplo.

O módulo da primeira fase foi colocado entre a tampa do cabeçalho e a flange. O invólucro do módulo e o suporte do disco do primeiro módulo estão em contacto com a parede interior do tampão macho. O invólucro do módulo e o suporte do disco do outro lado estão em contacto com a primeira flange, em que ambas as partes estão viradas para o orifício da primeira flange. Com a adição do módulo do segundo estágio, o módulo é colocado entre o primeiro flange e o segundo flange. O módulo e o suporte do disco do módulo estão em contacto com a flange e virados para o orifício da primeira flange. No outro lado, o módulo e o suporte do disco estão em contacto com a flange e virados para o orifício da segunda flange. Com a introdução do módulo número três, o terceiro módulo é colocado entre a segunda flange e a tampa de topo fêmea. O módulo e o suporte do disco do módulo estão em contacto e virados para o orifício da segunda flange, enquanto que, do outro lado do terceiro módulo, o módulo e o suporte do disco estão em contacto e virados para a parede interior da tampa do cabeçalho fêmea. Vários parafusos, que se estendem para o interior em cada orifício dos tampões de topo, macho e fêmea, são apertados nas extremidades dos parafusos pelas porcas nas paredes exteriores dos tampões de topo para fixar a disposição da válvula MR modular de três fases.

4.3 Instalação experimental

A fim de realizar a experiência, os protótipos da válvula MR foram preparados para acomodar os ensaios de desempenho até à configuração de fase tripla. Foram fabricados três conjuntos de módulos com exatamente as mesmas dimensões para formar as configurações de fase simples, fase dupla e fase tripla. A avaliação do desempenho da válvula MR foi efectuada ligando o módulo protótipo a um cilindro hidráulico de haste dupla. O comprimento do curso do cilindro hidráulico é de 70 mm, com um diâmetro de pistão de 30 mm e um diâmetro de haste de 18 mm. O cilindro hidráulico foi enchido com o MRF-132DG da Lord Corporation [33]. O protótipo da válvula MR modular proposta para os diferentes números de estágios é apresentado na Figura 4.6.

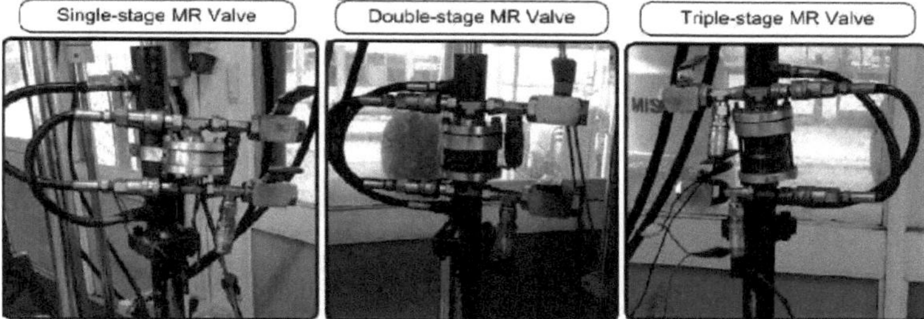

Figura 4.6 Protótipo da válvula MR modular em diferentes configurações de pilha instalada na célula de teste.

O teste de desempenho foi efectuado através da instalação do cilindro hidráulico numa máquina de teste dinâmico de fadiga, Shimadzu série EHF-L. Foram instalados dois sensores de pressão, Parker Hannifin PTDSB 1001B1C1, com uma capacidade de 0-100 bar, para medir as pressões de entrada e saída da válvula MR. Todos os dados de medição dos sensores foram ligados ao computador através do servo controlador 4830 através da porta de interface. A ligação permite que o controlador comunique com o PC anfitrião. Os dados registados foram depois guardados no PC anfitrião através do software do servo controlador 4830.

O movimento oscilatório da máquina de ensaio dinâmico gera alterações de pressão no interior do cilindro, fazendo com que o fluido passe periodicamente através da válvula MR. As alterações de pressão na porta de entrada e na porta de saída da válvula MR são medidas em tempo real pelo sensor de pressão. A forma de onda triangular é intencionalmente escolhida como movimento de acionamento da máquina de ensaios dinâmicos, para que os dados do perfil de velocidade do pistão hidráulico se apresentem como um sinal de impulso quadrado. Com o perfil de velocidade quadrado, o caudal do fluido pode ser mantido constante durante algum tempo. A experiência foi realizada com várias frequências de excitação, ou seja, 0,25, 0,5, 0,75, 1,0 e 1,25 Hz, que corresponderam ao caudal máximo de 9,0, 18,0, 26,0, 36,0 e 45,0 ml.s^{-1} , respetivamente. O caudal e a queda de pressão associada em frequência constante foram representados num gráfico para determinar a linha de tendência da relação devido à variação da corrente de entrada. A corrente de entrada foi aplicada em diversas variações de ajuste, ou seja, 0, 0,2, 0,4, 0,6, 0,8 e 1,0 A, respetivamente. A configuração experimental para o desempenho da válvula MR é apresentada na Figura 4.7.

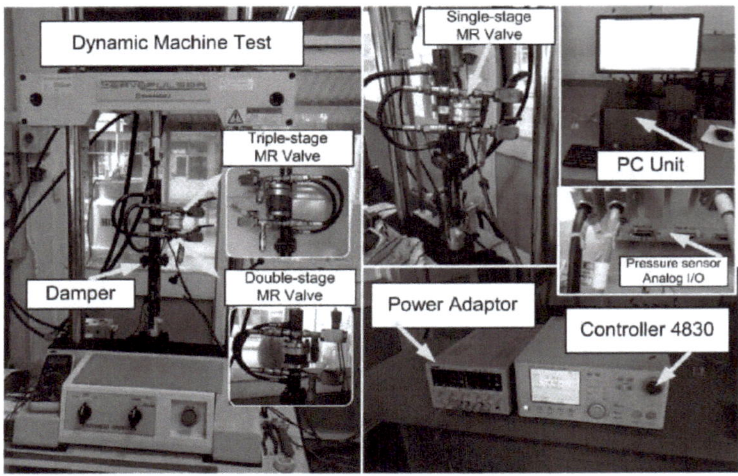

Figura 4.7 Equipamento experimental para os ensaios.

4.4 Resultados da experiência

Os resultados das medições foram determinados em duas condições diferentes. A primeira condição descreve a relação da queda de pressão alcançável com várias correntes de entrada, enquanto na condição de estado ativo. A queda de pressão em estado ativo pode ser definida como a queda de pressão gerada pela válvula MR com o aparecimento do campo magnético [77]. O segundo método explica a relação entre a perda de carga alcançável e as várias excitações do caudal, quando em estado de repouso. A queda de pressão fora de estado é a queda de pressão sem qualquer efeito magnetorheológico do fluido MR. Os resultados das medições são discutidos em pormenor em termos das diferentes disposições das fases, ou seja, configuração de fase única, fase dupla e fase tripla.

4.4.1. Efeito da variação da entrada de corrente

A Figura 4.8 ilustra a queda de pressão medida para as várias configurações de estágio para os vários ajustes da entrada de corrente. A perda de carga é medida para a entrada de corrente entre 0 e 1,0 A, e o caudal constante é fixado em 45,0 ml.s-1. O resultado do estágio simples mostra que a medição do valor da queda de pressão atingiu 1,38 MPa. O resultado da queda de pressão experimental para a fase dupla é de cerca de 2,00 MPa. Entretanto, o resultado para a fase tripla indica uma queda de pressão medida de cerca de 2,89 MPa. As linhas de tendência da queda de pressão dos resultados das medições tornam-se mais elevadas para cada entrada de corrente correspondente. Por conseguinte, a montagem dos módulos da disposição de fase única para a disposição de fase múltipla aumenta claramente a queda de pressão alcançável. As linhas de tendência da medição mostram que a queda de pressão aumenta do nível mais baixo para a queda de pressão mais alta proporcionalmente aos módulos adicionados no arranjo de vários estágios.

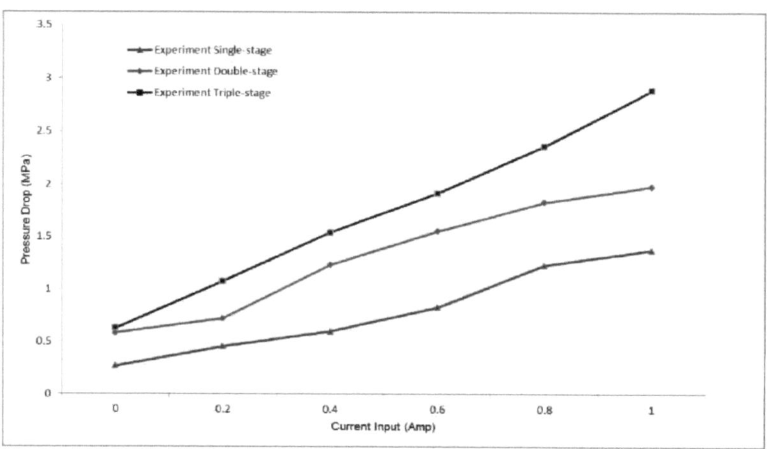

Figura 4.8 Queda de pressão do arranjo de módulos multiestágio sob variação da corrente de entrada.

4.4.2. Efeito da variação do caudal

A relação entre o valor da perda de carga fora de estado e a variação do caudal na configuração multiestágio é apresentada na Figura 4.9. Na condição sem alteração da corrente de entrada [74], o caudal variou de 9,0 a 45,0 $ml.s^{-1}$. A perda de carga fora de estado para o estágio único com um caudal aplicado de 9,0 $ml.s^{-1}$ ocorreu em cerca de 0,12 MPa, enquanto que ao aumentar o caudal para 45,0 $ml.s^{-1}$ a perda de carga aumentou para cerca de 0,27 MPa. Para o módulo de duplo estágio, a queda de pressão fora do estado atingiu 9,0 $ml.s^{-1}$ com um caudal de cerca de 0,25 MPa, enquanto a queda de pressão aumentou para 0,53 MPa quando o caudal foi aumentado para 45,0 $ml.s^{-1}$. Para o módulo de triplo estágio, com uma pressão fora do estado de 9,0 $ml.s^{-1}$ atingiu cerca de 0,33 MPa, enquanto a alteração do caudal para 45,0 $ml.s^{-1}$ gerou uma queda de pressão de cerca de 0,63 MPa. A partir dos resultados da Tabela 4.1, pode-se concluir que as caraterísticas incrementais da queda de pressão fora de fase são determinadas pelo número de módulos adicionados. A queda de pressão fora do estado alcançável pode ser obtida alterando a taxa de fluxo e ajustando o número de válvulas MR modulares.

Tabela 4.1: Valores de perda de carga fora de estado na variação do caudal

Configuração do palco	Caudal $(ml.s)^{-1}$	
	9.0	45.0
Fase única	0.12	0.27
Dupla fase	0.25	0.53
Fase tripla	0.33	0.63

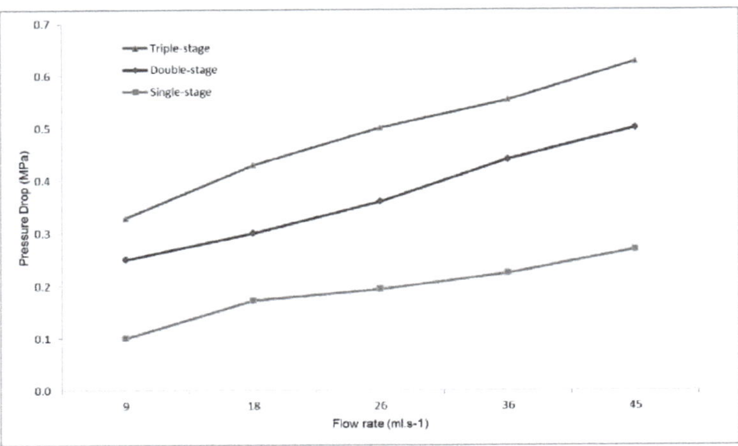

Figura 4.9 Caraterística da perda de carga fora de estado na configuração multiestágio sob variação do caudal.

Entretanto, a relação entre a perda de carga no estado e as variações do caudal para a configuração multiestágio é apresentada na Figura 4.10. Para a condição em que o eletromagnético aplicado era superior a 1,0 A, o caudal foi ajustado de 9,0 a 45,0 ml.s^{-1} . Quando o caudal foi ajustado para mais de 9,0 ml.s^{-1} , obteve-se uma perda de carga de cerca de 1,13 MPa no estágio simples, enquanto que com um caudal de 45,0 ml.s^{-1} , a perda de carga alcançável aumentou para 1,38 MPa. Quando o caudal foi fixado em 9,0 ml.s^{-1} para a fase dupla, conseguiu-se uma queda de pressão de cerca de 1,43 MPa, enquanto que com um caudal de 45 ml.s^{-1} se atingiu uma queda de pressão de cerca de 2,00 MPa. Em seguida, para o módulo de fase tripla, obteve-se uma queda de pressão de cerca de 1,75 MPa com um caudal de 9,0 ml.s^{-1} , enquanto que com um caudal de
45,0 ml.s^{-1} a queda de pressão alcançada foi de cerca de 2,89 MPa. A partir dos resultados da Tabela 4.2, pode concluir-se que a inclinação da linha de declive da perda de carga saltou do nível mais baixo para um nível mais elevado com a presença dos módulos adicionais. As caraterísticas da linha de declive da queda de pressão mostraram um aumento simultâneo sob diferentes caudais (*Q*). O efeito da alteração do caudal com a válvula MR de vários estágios mostrou uma relação proporcional com a inclinação da queda de pressão, tanto para a condição de estado desligado como para a condição de estado ligado.

Tabela 4.2: Valores de perda de carga em estado na variação do caudal

Configuração do palco	Caudal (ml.s)$^{-1}$	
	9.0	45.0
Fase única	1.13	1.38
Dupla fase	1.43	2.0
Fase tripla	1.75	2.89

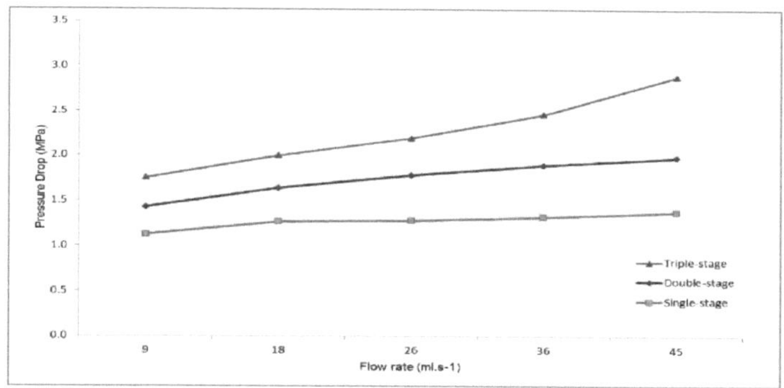

Figura 4.10 Caraterística da perda de carga em estado ativo na configuração multiestágio sob variação do caudal.

4.4.3. Efeito da adição de módulos para várias entradas de corrente

A caraterística de queda de pressão dos resultados de medição para as variações na entrada de corrente para a configuração do módulo multiestágio está representada na Figura 4.11. A corrente de entrada foi variada de 0 a 1,0 A e, simultaneamente, o número de estágios foi ajustado de estágio simples para estágio duplo e estágio triplo. Na condição de estado desligado, ou seja, 0 A, o ajuste do número de estágios de estágio único para estágio triplo aumentou com sucesso a queda de pressão de 0,27 para 0,63 MPa. Na relação em fase, ou seja, de 0,2 a 1,0 A, a linha de tendência da queda de pressão saltou de um nível baixo, com um aumento gradual, para um nível mais elevado em relação ao ajuste do intervalo de várias entradas de corrente. Para a entrada de corrente limitada de 1,0 A, o ajuste da configuração do estágio de estágio único para estágio triplo mostrou um aumento nos valores de queda de pressão de 1,38 para 2,89 MPa. O padrão da linha de tendência para a perda de carga tem uma relação linear com os módulos adicionais. Por conseguinte, a perda de carga tende a aumentar simultaneamente com os módulos adicionais e a variação da corrente de entrada. Um aumento na queda de pressão para a condição de estado desligado pode ocorrer porque a adição de módulos para uma combinação de vários módulos aumenta significativamente o comprimento do canal dentro da válvula, o que aumenta a queda de pressão viscosa. Na queda de pressão no estado ligado, a linha de tendência entre os resultados tem uma relação quase linear com a adição de módulos. Pode concluir-se que o aumento do número de módulos de um estágio para um estágio triplo pode proporcionar uma queda de pressão mais ampla, com o desempenho do intervalo a variar entre 0,27 e 2,98 MPa.

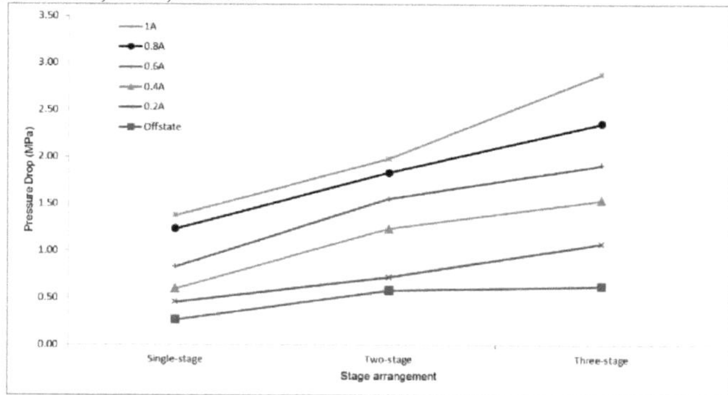

Figura 4.11 Comparação da diferença na linha de tendência da queda de pressão em relação à adição modular com várias entradas de corrente.

4.5 Discussão

A comparação entre os resultados da medição e os previstos foi efectuada através de duas abordagens. A primeira abordagem foi efectuada comparando os resultados na condição ideal, que é aquela em que não há perdas de fluxo e, portanto, os valores da densidade do fluxo magnético têm o valor mais elevado [77-79]. No entanto, estas condições são difíceis de alcançar experimentalmente. As ligações entre peças podem criar resistência magnética adicional, o que reduz o campo magnético na área efectiva. A utilização de uma junta adicional também parece aumentar o espaço entre os invólucros dos módulos, o que cria perturbações adicionais no circuito magnético. Para acomodar as perdas imprevistas, a segunda abordagem foi efectuada comparando os resultados das medições e os resultados da simulação que foram sujeitos a alguns ajustamentos para as perdas do circuito magnético.

4.5.1. Validações da queda de pressão em condições ideais

a. Comparação da queda de pressão para o módulo de fase única

A previsão devido à condição ideal é derivada dos resultados da simulação magnética, que se refere à Figura 3.9. O desempenho da válvula foi medido na gama da corrente de entrada entre 0 e 1,0 A, com um intervalo de 0,2 A. A relação entre a queda de pressão medida e o modelo de previsão para o módulo de fase única é comparada na Figura 4.12. Para um determinado parâmetro, ou seja, um caudal de 45,0 ml.s^{-1} , os resultados mostraram que o valor de previsão da perda de carga atinge cerca de 2,20 MPa, enquanto o resultado da experiência atinge uma perda de carga de cerca de 1,38 MPa. Os valores da queda de pressão medida são inferiores ao valor previsto, particularmente para a entrada de corrente de 0,2 A e superior.

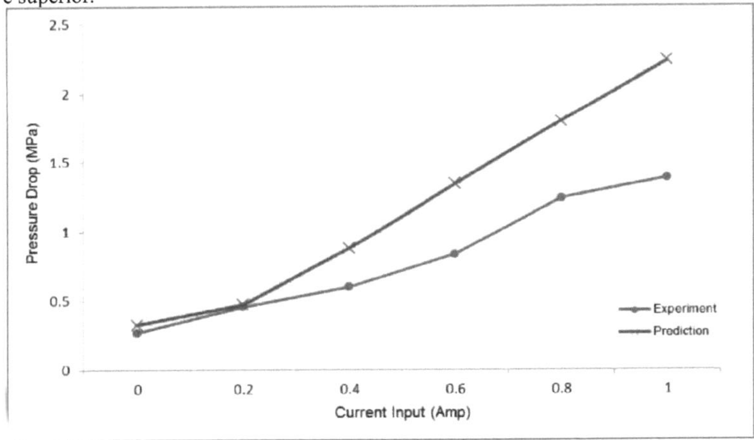

Figura 4.12 Comparação entre a queda de pressão prevista e a medida para a válvula MR modular de um só estágio a um caudal de 45,0 ml.s^{-1} .

b. Comparação da queda de pressão para o módulo de fase dupla

A relação entre a perda de carga medida e o resultado previsto para o duplo estágio é comparada na Figura 4.13. Para o mesmo parâmetro particular (caudal de 45,0 ml.s^{-1} e variação da corrente de entrada até 1,0 A), os resultados para o módulo de duplo estágio mostram que o valor previsto da perda de carga atingiu até 4,30 MPa, enquanto que para o resultado experimental utilizando a válvula MR modular foi possível obter uma perda de carga de cerca de 2,00 MPa. Os valores medidos da perda de carga são inferiores ao valor previsto, especialmente para a entrada de corrente mais elevada, entre 0,4 e 1,0 A. Enquanto que para a entrada de corrente mais pequena, de 0 a 0,2 A, a perda de carga foi claramente capaz de seguir a linha de declive com um padrão ligeiramente convergente.

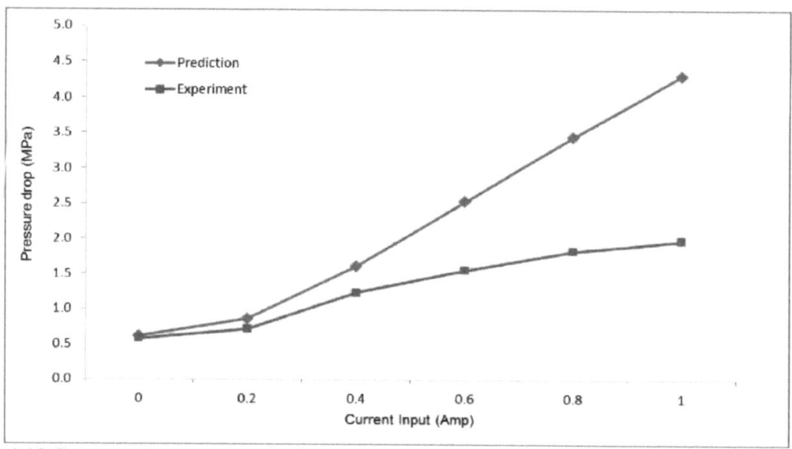

Figura 4.13 Comparação entre a queda de pressão prevista e a medida para a válvula MR modular de duplo estágio a um caudal de 45,0 ml.s^{-1} .

c. Comparação da queda de pressão para o módulo de três fases

Simultaneamente, a comparação entre a perda de carga medida e a

O resultado previsto para a fase tripla é apresentado na Figura 4.14. Para o caudal correspondente de 45 ml.s^{-1} , os resultados para o módulo de fase tripla mostram que o valor previsto para a queda de pressão atingiu até 6,30 MPa. Entretanto, o resultado experimental utilizando a válvula MR modular atingiu uma queda de pressão de cerca de 2,89 MPa. Os valores de queda de pressão medidos são inferiores ao valor previsto para cada entrada de corrente correspondente, para a qual o padrão da linha de tendência dos resultados da simulação é tipicamente superior ao dos resultados da medição.

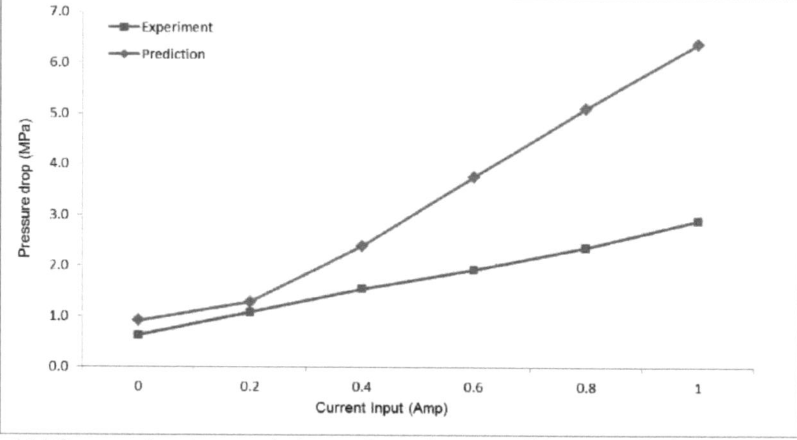

Figura 4.14 Comparação entre a queda de pressão prevista e a medida para a válvula MR modular de estágio triplo a 45,0 ml.s^{-1} caudal.

d. Resumo da validação

Além disso, o desempenho da válvula MR é validado utilizando métodos numéricos como referência para definir o valor do erro (£). O valor do erro é significativo para efetuar a validação do processo de aproximação durante a simulação. O processo de aproximação refere-se à magnitude da tensão de cedência do fluido MR através da abordagem expressa na Equação (2.8). Entretanto, o resultado experimental será utilizado como um valor de referência para comparação com o valor previsto para determinar o valor do erro. O menor valor de erro pode então ser confirmado pela convergência entre o resultado da medição e a previsão. O valor do erro é definido utilizando o erro fracionário, como na equação 4.1.

$$\varepsilon = \left| \frac{\Delta P_{Experiment} - \Delta P_{Prediction}}{\Delta P_{Experiment}} \right| \qquad (4.1)$$

Os resultados da avaliação dos valores de erro são pormenorizados na Tabela 4.3. O resultado calculado para o valor do erro para o módulo de estágio único na condição de estado desligado, 0 A, é de cerca de 0,19, e para 1,0 A é estimado em cerca de 0,61. Entretanto, o valor do erro obtido para o módulo de duplo estágio com entrada de corrente baixa, 0 A, é de cerca de 0,04, enquanto que para a entrada de corrente alta de 1,0 A é de cerca de 1,16. Os valores de erro obtidos para o módulo de estágio triplo para a corrente de entrada baixa, 0 A, é de aproximadamente 0,46, enquanto que para a corrente de entrada maior, 1,0 A, é de cerca de 1,21. Simultaneamente, os valores de erro acima são descritos para os desvios da linha de declive que se comparam entre o medido e o previsto. Os desvios dos valores de erro tornam-se mais elevados com os módulos adicionais. Um valor de desvio elevado significa que as previsões em condições ideais não podem ser utilizadas como validação de referência. Assim, os resultados da previsão em condições perfeitas não são corretos para serem utilizados como validação de referência diretamente com o resultado experimental, porque a precisão é demasiado baixa. A relação entre os valores do desvio do erro é apresentada na Figura 4.15.

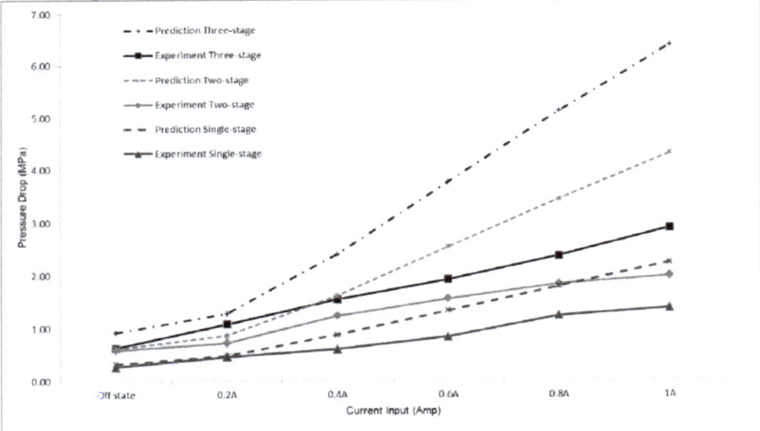

Figura 4.15 O desvio na linha de tendência da queda de pressão para a válvula MR para várias configurações de pilha.

Quadro 4.3 : Resultado da avaliação do erro relativo.

Atual	Módulo de fase única			Módulo de duplo estágio			Módulo de tripla fase		
(Amp)	(ΔP^i_{Exp})	(ΔP^i_{Pre})	(ε)	(ΔP^i_{Exp})	(ΔP^i_{Pre})	(ε)	(ΔP^i_{Exp})	(ΔP^i_{Pre})	(ε)
0	0.27	0.32	0.19	0.58	0.61	0.04	0.63	0.92	0.46

0.2	0.46	0.47	0.03	0.72	0.86	0.19	1.08	1.28	0.18
0.4	0.60	0.87	0.45	1.24	1.61	0.30	1.54	2.39	0.54
0.6	0.83	1.33	0.60	1.56	2.53	0.62	1.92	3.76	0.96
0.8	1.23	1.79	0.45	1.83	3.44	0.87	2.36	5.11	1.16
1	1.38	2.23	0.61	1.98	4.30	1.16	2.89	6.38	1.21

(ΔP^{i}_{Exp})= Queda de pressão Resultado da experiência

(ΔP^{i}_{Pre})= Resultado da previsão da queda de pressão

(ε) = Erro relativo

4.5.2 O significado das lacunas

A diminuição da queda de pressão no resultado experimental pode ser causada pelas lacunas significativas que apareceram na tolerância da montagem. O intervalo de tolerância surgiu entre o invólucro fêmea e o invólucro macho da válvula MR modular. A folga causa potencialmente perdas no fluxo de fluxo que passa através dos pares de invólucros. Presume-se que a folga diminua o valor da densidade do fluxo magnético e, consequentemente, conduza a uma queda de pressão. A partir do aparecimento da lacuna de perturbação, é possível determinar que a lacuna conduz a uma perda na densidade do fluxo magnético.

a. As lacunas de ar

A diferença entre a simulação e a medição nas Figuras 4.12 a 4.14 pode dever-se ao facto de a intensidade do campo magnético na simulação ser muito superior à do campo real. A intensidade do campo magnético na simulação é assumida teoricamente pelo software de simulação para condições ideais. O estado ideal sugere claramente que não há fuga de densidade de fluxo magnético, como mostra a Figura 3.9. Por conseguinte, o resultado da simulação pode sempre proporcionar um melhor desempenho do que o medido. No entanto, ao efetuar a medição, é difícil garantir que o fluxo magnético não se espalha devido à fuga de fluxo no interior da válvula MR. A fuga de fluxo, conhecida como perdas de densidade de fluxo, reduz o valor da intensidade do campo, o que conduz a uma queda de pressão. Nos ensaios experimentais, as perdas de densidade de fluxo podem provir do intervalo de perturbação.

O espaço de ar é a folga entre o invólucro da válvula fêmea e o invólucro da válvula macho, que é causada pelas tolerâncias de fabrico. O espaço entre os invólucros das válvulas é também gerado pelo fio da bobina no interior dos invólucros das válvulas, que necessita de um pequeno espaço para a ligação da fonte de alimentação. A folga real causada pelas tolerâncias de fabrico e montagem é de cerca de 1 mm. Para acomodar a folga, os invólucros das válvulas não são capazes de se encaixar uns nos outros. A folga torna-se uma barreira para os fluxos de fluxo que deveriam passar diretamente pelo par de invólucros. O fluxo magnético dificilmente salta a folga e provoca uma franja dentro da folga e, consequentemente, enfraquece o valor da força magnética. O fenómeno do espaço de ar provoca um efeito de franja, como se mostra na figura 4.16. O fenómeno mostra a diferença entre a simulação teórica e a simulação real, em que o espaço de ar é o principal fator que causa a perda de densidade do fluxo.

b. O efeito das folgas de ar

Os fenómenos representados na Figura 4.16 são causados pela folga de fabrico entre os pares de invólucros dos módulos, o que resulta num espaço de ar que provoca uma diminuição do valor da queda de pressão. Posteriormente, a adição de uma junta (material não magnético) no interior da válvula está a incentivar a compensação imprevisível da folga ao longo das folgas radiais. As juntas compensam as folgas que causam uma redução no valor da queda de pressão. Ambas as razões alteram a geometria da válvula, o que provoca uma diminuição da densidade do fluxo magnético na área efectiva. Como ambas as questões são fenómenos imprevisíveis, a explicação baseia-se em suposições de engenharia. De facto, a densidade de fluxo ao longo da área efectiva não é medida de forma definitiva porque se encontra numa área fechada dentro da válvula MR.

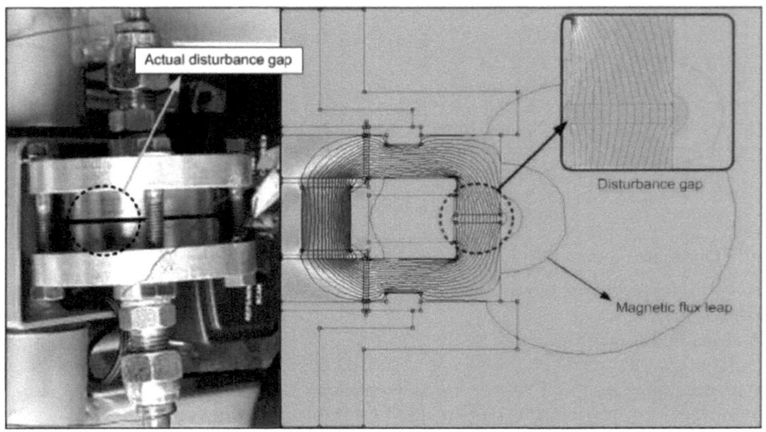

Figura 4.16 Aspeto do espaço de ar entre o par de invólucros da válvula MR.

O material para a válvula também é uma questão significativa que tem o potencial de causar uma redução no valor da queda de pressão. Ao efetuar a simulação utilizando o AISI 4041, a permeabilidade do material e a resistência magnética são previstas como estando numa condição ideal, ao passo que, na experiência, a permeabilidade do material não pode ser medida. Na realização da experiência, a resistência magnética pode ser menor do que a prevista, dependendo da condutividade do material na propagação do campo magnético no arranjo modular. Uma alteração na geometria da disposição modular da válvula reduzirá o valor da condutividade do material magnético, pelo que o resultado experimental não pode ser diretamente comparado com o resultado da simulação numa condição ideal.

A intensidade do campo magnético com uma fenda de ar de 1 mm, que é tida em conta na simulação magnética, é recalculada a um caudal de 45,0 $ml.s^{-1}$ e uma entrada de corrente até 1,0 A, sendo os resultados apresentados na Figura 4.17. A fenda perturbará e reduzirá o valor da densidade de fluxo ao longo do trajeto do fluxo de cerca de 0,44 para 0,30 T na fenda radial e de 0,26 para 0,19 T na fenda anular. Os resultados da simulação mostraram que a existência de uma folga de ar altera significativamente o desempenho da válvula MR e, por conseguinte, a simulação deve acomodar a folga para que os resultados da previsão sejam válidos.

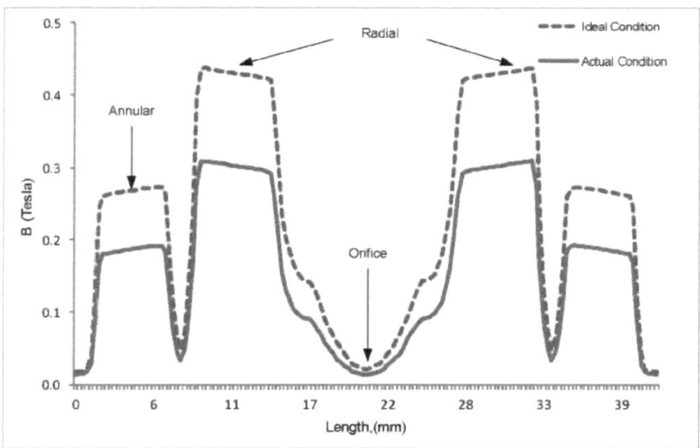

Figura 4.17 Densidade do fluxo magnético ao longo do trajeto do fluxo na válvula MR modular.

4.5.3 Comparação dos resultados com o efeito da folga de ar

a. Efeito na disposição do módulo de fase única

Finalmente, o resultado do ensaio é comparado com o previsto, considerando quaisquer alterações de parâmetros na geometria da válvula decorrentes das folgas de ar ou das folgas de compensação da junta. A relação entre a perda de carga medida e o modelo de previsão é comparada na Figura 4.18. A caixa de ar é simulada com um comprimento previsto de cerca de 1 mm com o mesmo parâmetro, ou seja, caudal de 45,0 ml.s^{-1} e entrada de corrente até 1,0 A. O desempenho do estágio único é medido a 1,37 MPa, enquanto a queda de pressão do resultado teórico é de cerca de 1,45 MPa. O valor medido da queda de pressão é inferior ao valor previsto. O resultado ligeiramente diferente não é muito significativo, uma vez que a linha de declive entre a previsão e a medida é semelhante. A linha inclinada mostra que a tendência da previsão está de acordo com a medida. A folga de ar e a folga de compensação da junta influenciam fortemente a diminuição da queda de pressão prevista.

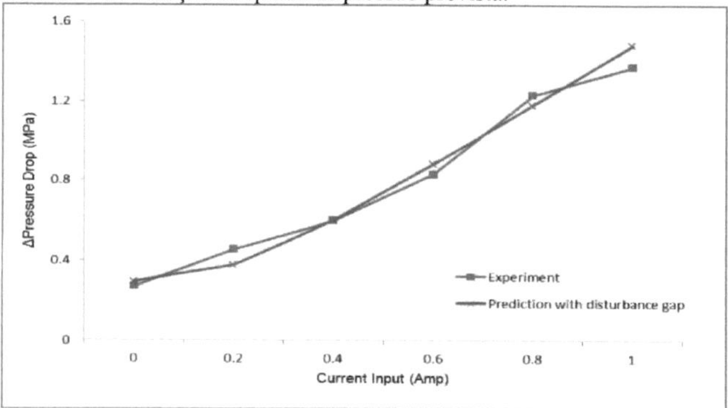

Figura 4.18 Comparação do resultado da medição e do resultado previsto para a válvula MR de um só estágio com o aparecimento do espaço de ar.

b. Efeito na disposição do módulo de dupla fase

O desempenho da válvula MR modular de duplo estágio é mostrado na Figura 4.19. A queda de pressão máxima para a válvula de duplo estágio é de cerca de 2,00 MPa, enquanto o valor previsto para a queda de pressão, quando se considera a folga de ar, pode atingir 2,30 MPa. O valor medido da perda de carga é inferior ao valor previsto, especialmente com uma entrada de corrente mais elevada de 0,6 a 1,0 A. A razão para este fenómeno pode estar relacionada com a explicação do resultado experimental para o módulo de fase única. O espaço de ar desempenha um papel significativo na exatidão do valor do resultado previsto.

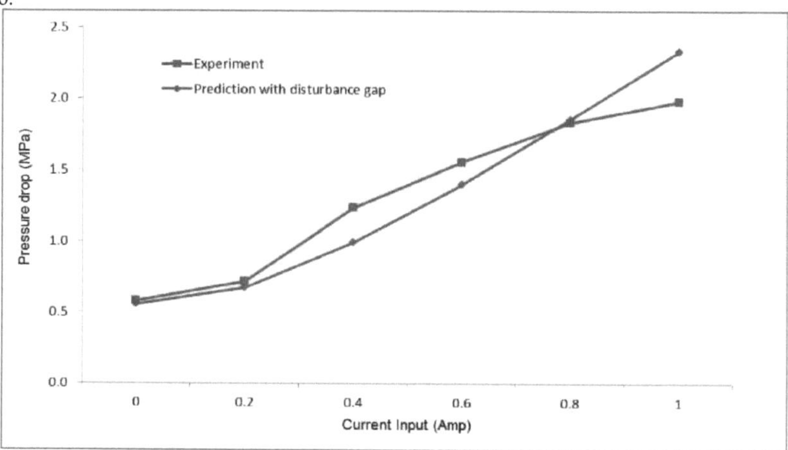

Figura 4.19 Comparação do resultado da medição e do resultado previsto para a válvula MR de duplo estágio com o aparecimento do espaço de ar.

c. Efeito na disposição do módulo de três fases

O desempenho da válvula MR modular de estágio triplo é apresentado na Figura 4.20. O resultado da queda de pressão máxima no estágio triplo é de cerca de 2,89 MPa. Enquanto o valor previsto da queda de pressão, quando se considera a folga de ar, é capaz de atingir 3,40 MPa. O resultado mostra que a linha de tendência da previsão está de acordo com a medida. Embora o resultado dos valores de perda de carga medicos seja comprovadamente inferior ao valor previsto, a relação entre os resultados pode ser vista a partir das semelhanças na linha de tendência. As linhas de tendência mostram claramente um padrão de linha ligeiramente diferente, que não é significativamente diferente, exceto para a entrada de corrente mais elevada de 0,6 a 1,0 A. Por conseguinte, a ligeira diferença dos resultados pode dever-se às folgas de ar e à folga de compensação da junta, que desempenham um papel significativo na precisão da previsão.

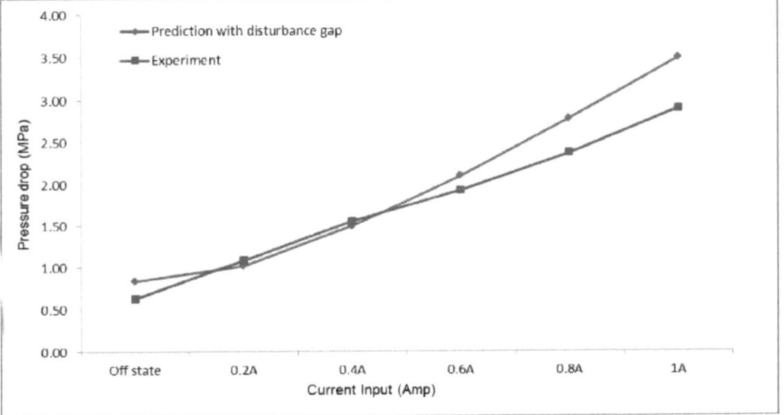

Figura 4.20 Comparação do resultado da medição e do resultado previsto para a válvula MR de três estágios com o aparecimento do espaço de ar.

d. Análise de erro relativo no efeito de lacunas

Finalmente, os métodos numéricos são utilizados para definir o valor do erro do desvio da linha de tendência em termos da validação da queda de pressão da válvula MR entre os resultados. O processo de determinação do valor do erro refere-se à equação do erro fracionário, que é expressa na Equação 4.1. Além disso, a folga de ar é também obtida a partir do processo de aproximação, para o qual se prevê que a folga seja de cerca de 1 mm. A medição e o resultado previsto são comparados diretamente com os padrões de convergência das linhas de tendência. Quando a linha de declive entre os resultados converge, é

significa que o desvio no valor do erro é ligeiro. O valor de erro mais pequeno é representado pela semelhança nas linhas de tendência entre os resultados. Assim, o resultado previsto que tem a linha mais semelhante deve ser utilizado como referência de validação para a avaliação da queda de pressão com o resultado da medição. A relação das linhas com o padrão mais semelhante é apresentada na Figura 4.21.

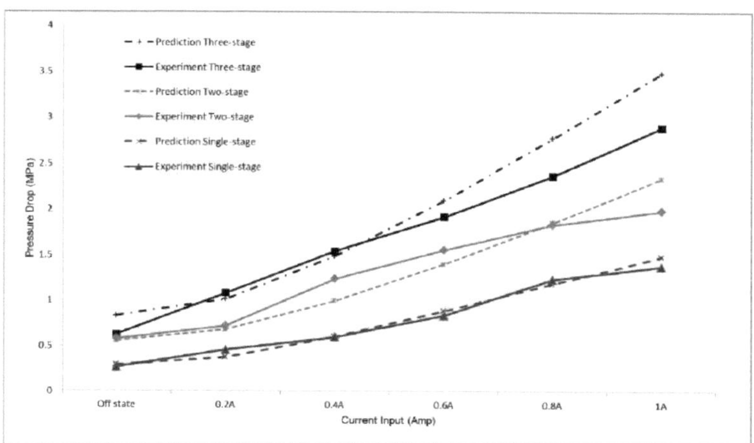

Figura 4.21 O desempenho da válvula MR em várias configurações de pilha comparado com o desempenho previsto.

A avaliação dos resultados para o valor do erro é pormenorizada na Tabela 4.4. O resultado calculado para o valor do erro do módulo de um só estágio na condição de estado desligado, 0 A, é de cerca de 0,08, e para 1,0 A estima-se que seja de cerca de 0,08. Além disso, o valor do erro obtido no módulo de dois andares com entrada de corrente baixa, 0 A, é de cerca de 0,04, e para a entrada de corrente elevada de 1,0 Amp é de cerca de 0,16. O valor do erro obtido para o módulo de três estágios para a menor corrente de entrada, 0 A, é de aproximadamente 0,32, enquanto para a maior corrente de entrada, 1,0 A, é de cerca de 0,20. Os valores de erro acima indicam as diferenças de deslocação da linha de declive quando se comparam os valores medidos e previstos. O valor de erro mais pequeno representa a maior semelhança com a linha de tendência entre o valor medido e o previsto.

Quadro 4.4 : Resultado da avaliação do valor do erro.

Atual	Módulo de fase única			Módulo de duplo estágio			Módulo de tripla fase		
(Amp)	(ΔP^i_{Exp})	(ΔP^i_{Pre})	(ε)	(ΔP^i_{Exp})	(ΔP^i_{Pre})	(ε)	(ΔP^i_{Exp})	(ΔP^i_{Pre})	(ε)
0	0.27	0.29	0.08	0.58	0.56	0.04	0.63	0.83	0.32
0.2	0.46	0.38	0.17	0.72	0.68	0.06	1.08	1.01	0.06
0.4	0.60	0.60	0.00	1.24	0.99	0.19	1.54	1.49	0.03
0.6	0.83	0.88	0.06	1.56	1.40	0.10	1.92	2.09	0.09
0.8	1.23	1.18	0.04	1.83	1.86	0.01	2.36	2.77	0.17
1	1.38	1.49	0.08	1.98	2.33	0.17	2.89	3.48	0.20

(ΔP^i_{Exp})= Queda de pressão Resultado da experiência

(ΔP^i_{Pre})= Resultado da previsão da queda de pressão

(ε)= Erro relativo

4.6 Resumo do capítulo 4

Os resultados experimentais mostraram que a presença dos módulos adicionais aumentou a queda de pressão alcançável em termos do desempenho da válvula MR. O aumento da perda de carga atingível é congruente com o número de módulos adicionais. O desempenho previsto da válvula MR com o espaço de ar contabilizado na simulação para a condição de estado ligado de 1,0 A é medido em 1,45 MPa, o que está mais próximo do valor medido de 1,38 MPa. Embora o valor medido da perda de carga seja menor do que o valor previsto, a diferença não é muito significativa, uma vez que a linha de declive entre o valor previsto e o medido é semelhante. O desempenho semelhante da válvula MR modular de duplo estágio após o recálculo desce para cerca de 2,30 MPa. Entretanto, a queda de pressão prevista da válvula MR de fase tripla é corrigida para cerca de 3,40 MPa. A partir destes resultados, pode resumir-se que a folga de ar é a principal razão para a redução do desempenho da válvula MR. Os resultados experimentais e os resultados previstos foram comparados devido ao padrão convergente das linhas de tendência da queda de pressão. A comparação de ambos os resultados indicou que quando o desvio entre os desvios das linhas de declive é maior,

o resultado previsto não pode ser utilizado como referência de validação. Com a presença de uma perturbação e de folgas de compensação da junta, verificou-se que o desvio da linha de declive entre os resultados parece estar num padrão de convergência. O menor desvio entre as linhas de tendência provou o resultado correto, que pode ser usado para validação de referência para avaliação do resultado da medição. A Figura 4.22 apresenta um resumo e uma visão geral do processo de investigação no capítulo 4.

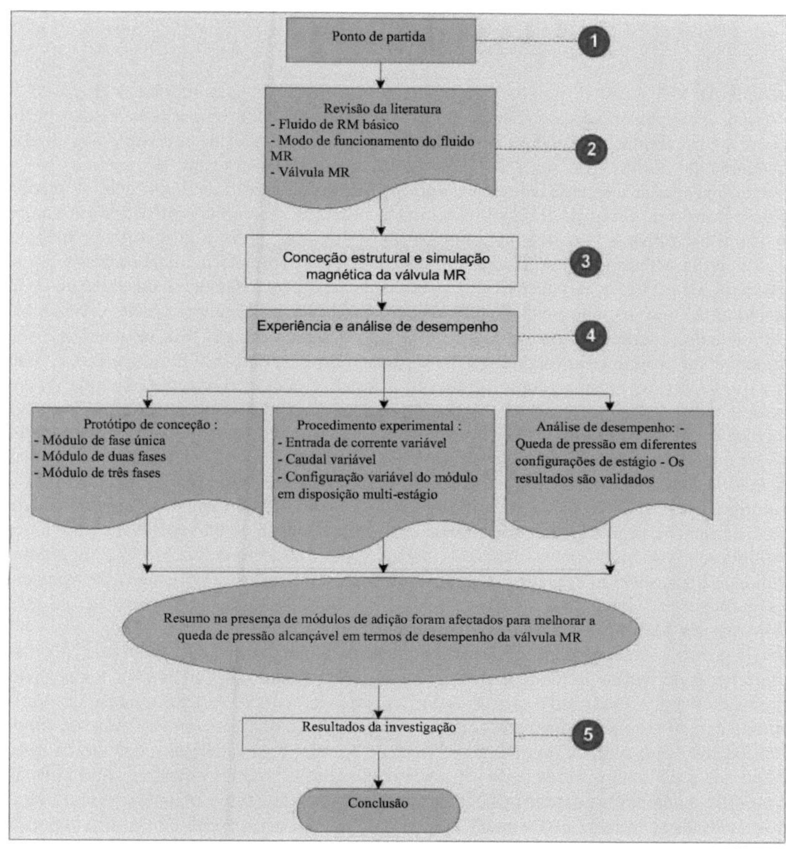

Figura 4.22 Resumo do processo de investigação no Capítulo 4.

CONCLUSÃO

Introdução

Uma válvula MR é um dispositivo de controlo que funciona para regular o fluxo do fluido magnetoreológico. O mecanismo de controlo do fluido MR está relacionado com a existência de partículas magnéticas imersas no fluido, que podem ser influenciadas pela indução de um campo magnético. A tensão de cedência do fluido MR pode ser controlada ajustando a corrente de entrada da bobina electromagnética que regula a intensidade do campo magnético induzido no fluido MR. A eficácia da válvula MR no controlo do fluxo do fluido MR tem sido utilizada em várias aplicações em campos de investigação multidisciplinares, tais como automóveis, aplicações civis e dispositivos médicos de reabilitação. A válvula MR também se tornou um componente importante quando utilizada em vários dispositivos baseados em MR. A válvula MR proposta nesta tese utiliza a vantagem da estrutura do trajeto do fluxo meandrante, que se tem revelado eficaz para melhorar o desempenho da válvula MR. A capacidade de elevado desempenho da válvula MR de tipo meândrico nesta tese foi combinada com a disposição modular do projeto para melhorar a flexibilidade do desempenho. Para analisar a conceção estrutural da válvula MR, foi realizada uma simulação magnética para avaliar o desempenho do circuito magnético relacionado com o processo de seleção de materiais. A simulação magnética foi efectuada através do pacote de software FEMM. O desempenho da válvula MR proposta também foi previsto através da estimativa da queda de pressão alcançável da válvula, utilizando o modelo matemático recentemente derivado da válvula MR modular de tipo sinuoso. A avaliação experimental foi efectuada através do ensaio do protótipo da válvula MR numa máquina de ensaios dinâmicos de fadiga. O módulo do protótipo da válvula foi fabricado, montado e testado para examinar o desempenho possível relativamente a diferentes configurações do módulo. Os resultados da simulação e da experiência foram comparados para verificar a validade do modelo matemático. Como resumo, as conclusões deste estudo são apresentadas nas secções seguintes:

Modelação da válvula MR modular de tipo meândrico

A fim de prever o desempenho, foi derivado um modelo matemático para a válvula MR modular do tipo meandrante. A derivação do modelo matemático em cada módulo da válvula MR foi agrupada em três zonas, nomeadamente a zona anular, a zona radial e a zona do orifício. A determinação das variações da intensidade do campo magnético em cada zona foi efectuada com recurso a um software de simulação magnética. Utilizando tanto o modelo como o software de simulação magnética, o cálculo da queda de pressão prevista em cada zona foi efectuado separadamente com diferentes equações de regulação. Na presença do módulo adicional, as determinações das caraterísticas do campo magnético foram repetidas para os outros módulos. Uma vez que o módulo adicional actua basicamente como uma repetição do primeiro módulo, o modelo quase-estacionário do módulo de várias fases pode ser simplificado com a generalização para o número de fases.

O projeto da válvula MR modular multiestágio

Neste estudo, foi introduzido o novo conceito de válvula MR modular de múltiplos estágios, utilizando as múltiplas aberturas anulares e radiais que formam uma estrutura de caminho de fluxo sinuoso. A disposição das aberturas numa estrutura de percurso de fluxo sinuoso aumenta o número de áreas efectivas expostas ao campo magnético, o que aumenta a restrição do fluxo de fluido da válvula MR. A fim de melhorar a capacidade de regulação do desempenho da válvula, foi proposto um novo projeto de válvula MR de tipo sinuoso em conceito modular. A combinação da estrutura meândrica do percurso do fluxo com a conceção modular da válvula MR proporcionou um desempenho superior da válvula MR numa gama de funcionamento mais flexível. Com o objetivo de criar flexibilidade, a estrutura do percurso do fluxo e a bobina electromagnética são concebidas em secções específicas do conjunto modular. A conceção estrutural do conceito modular é combinada com material magnético e material não magnético, o que permite uma maior interação entre a linha de fluxo magnético e o percurso do fluxo, proporcionando uma área mais eficaz no interior da válvula MR. A fim de prever o desempenho da nova conceção da válvula MR, é derivado o modelo quase estável da MR modular de vários estágios. De acordo com a previsão da queda de pressão, o número de fases foi ajustado de fase única para fase dupla e fase tripla. O resultado do desempenho da simulação de um estágio para um estágio triplo mostra um aumento nos valores de queda de pressão de 2,23 para 6,30 MPa. A linha de tendência da perda de carga tende a aumentar linearmente com os módulos adicionais. O desempenho da válvula MR foi analisado através da avaliação do efeito das variações da corrente de entrada, das variações do caudal e do número de estágios na queda de pressão alcançada pela válvula MR.

Avaliação do desempenho experimental

Os protótipos da válvula MR foram testados em diferentes configurações de pilha para confirmar a queda de pressão prevista em termos de desempenho da válvula MR. O trabalho experimental foi efectuado através da medição da queda de pressão de três disposições diferentes de módulos, ou seja, de fase única, de fase dupla e de fase tripla. Os protótipos dos módulos foram ligados a um cilindro hidráulico de haste dupla e montados numa máquina de ensaio dinâmico de fadiga hidráulica por meio de um suporte adicional. O protótipo foi testado numa máquina de ensaio dinâmico de fadiga hidráulica, série EHF-L da Shimadzu, com várias excitações de frequência e entradas de corrente. Os valores de queda de pressão baseados nos resultados experimentais de uma fase para três fases aumentaram de 1,38 para 2,89 MPa. Para além disso, pode concluir-se que a válvula MR proposta, com um conceito totalmente modular, demonstrou a capacidade de aumentar a perda de carga alcançável. O aumento do valor da perda de carga também foi demonstrado de acordo com o número de módulos adicionais dispostos na configuração multiestágio. O conjunto de módulos de duplo estágio demonstrou a capacidade de melhorar o desempenho médio da válvula MR até 76% em relação à queda de pressão total da válvula MR de estágio único. Entretanto, o conjunto de módulos de fase tripla demonstrou ser capaz de melhorar o desempenho médio da válvula MR até 32% em relação à queda de pressão total da válvula MR de fase dupla.

Contribuição da presente tese

Nesta tese, foi proposta uma conceção técnica actualizada para o desenvolvimento de um novo conceito de válvula MR modular de tipo sinuoso. O protótipo do novo conceito foi estudado exaustivamente através da avaliação do desempenho da válvula MR em condições de estado estacionário. Os resultados demonstraram a flexibilidade em termos de desempenho da válvula MR e revelaram o seu potencial de utilização em várias aplicações que requerem diferentes valores de perda de carga da válvula. Os contributos desta tese são apresentados de seguida:

a. A tese contribuiu para o novo modelo matemático genérico da
O conceito de válvula MR modular de tipo meandrante que pode ser utilizado para prever a perda de carga. Uma vez que o arranjo modular é constituído por um número de módulos, a caraterística de queda de pressão pode ser generalizada como uma repetição do primeiro módulo. Assim, o modelo quase estável para a disposição modular pode ser derivado como a multiplicação do número de repetições dispostas na configuração de várias fases.

b. A segunda contribuição está relacionada com a nova conceção de MR totalmente modular
válvula com estrutura anular radial meandrante do trajeto do fluxo. A válvula MR totalmente modular foi concebida numa secção modular que permite organizar o módulo em várias fases. A novidade da nova conceção justifica-se principalmente pela disposição única da estrutura do percurso do fluxo meandrante num pacote modular capaz de proporcionar flexibilidade em termos de dimensão e desempenho. A válvula MR tem um desempenho flexível através da modificação do número de estágios que é capaz de fornecer diferentes classificações de queda de pressão.

Recomendações para trabalhos futuros

O resultado desta tese proporcionou um avanço no desenvolvimento da válvula MR que utiliza a vantagem da estrutura anular radial através de um percurso de fluxo sinuoso numa estrutura modular. Na sequência destas investigações, há algumas extensões a este trabalho que ajudariam a melhorar o projeto atual para obter um melhor desempenho da válvula MR.

a. Na avaliação experimental, os ensaios foram efectuados em vários fluxos
e várias entradas de corrente. A dependência do tempo foi experimentada em ensaios em que o caudal varia simultaneamente devido ao movimento oscilatório da célula de ensaio, de modo a que os comportamentos transitórios da válvula MR sejam observáveis. No entanto, cada ciclo da experiência foi realizado com uma entrada de corrente constante e, por conseguinte, a resposta transitória devida à alteração da entrada de corrente ainda não foi investigada. A resposta transitória da válvula MR em relação à presença da corrente de entrada é uma variável importante para desenvolver um modelo dinâmico da válvula MR. Por conseguinte, o desempenho da válvula MR em condições transitórias não é abordado nesta tese devido à falta de disponibilidade de dados de resposta transitória à alteração da entrada de corrente.

b. Na avaliação experimental, a temperatura de funcionamento da válvula MR é
assumida como temperatura constante que se refere à temperatura ambiente. Com base no processo de avaliação, a temperatura de funcionamento da válvula MR tende a aumentar com a

alteração da excitação do caudal. O aumento do caudal gera alterações de pressão no interior da válvula MR, provocando o efeito térmico devido à dissipação de energia na válvula. A dissipação de energia irá arruinar a durabilidade do fluido MR durante a experiência. De acordo com a informação da folha de dados, o requisito de cumprimento da temperatura de funcionamento do fluido MR 132DG é de cerca de -40 a 130^0 C [35]. Relativamente à avaliação experimental, os dados de temperatura do movimento oscilatório da célula de ensaio não foram investigados. Por conseguinte, a análise térmica não é discutida nesta tese, bem como a questão da durabilidade do fluido MR. A discussão de ambas as questões pode tornar necessário, em trabalhos futuros, considerar o efeito térmico para prever o tempo do ciclo de vida ou a durabilidade do fluido MR utilizado na avaliação.

c. Melhoria adicional na seleção do fio da bobina, atualmente feita a partir de enrolamentos de fio de cobre 27 SWG. O diâmetro do fio da bobina 27 SWG é muito fino e frágil, cerca de 0,41 mm. O protótipo da válvula MR foi concebido com base em conceitos modulares que facilitam a montagem e a desmontagem, sendo a disposição frequentemente ajustada através da adição ou remoção do módulo numa configuração de diferentes fases. Tendo em conta a tentativa frequente de colocar o módulo na configuração de várias fases, a seleção do diâmetro mais fino do fio da bobina não é a forma adequada de manter a fiabilidade do enrolamento do fio, que tende a cortar o fio da bobina. A quebra ou o corte do fio da bobina ocorreu frequentemente durante o processo de montagem na configuração de várias fases. A fim de evitar a ocorrência de corte do fio da bobina, um fio de bobina de diâmetro de espessura, precisa ser sugerido para a seleção de material que pode sustentar a confiabilidade do fio da bobina em energizar a entrada de corrente.

d. Modificação adicional da largura das peças da flange para evitar fugas especialmente na ligação entre módulos da válvula MR. Atualmente, a largura da flange foi concebida para 2 mm, com cotovelo de trincheira com profundidade de 0,5 mm em ambos os lados. Se se considerar a possibilidade de aumentar a largura da flange, presume-se que a estrutura mecânica será robusta na prevenção de fugas, pelo que se tende a aumentar a profundidade do cotovelo da vala para 1 mm em ambos os lados. Alongar a largura da flange também evitará a utilização de uma junta adicional, criando um espaço de ar entre as caixas das válvulas. O espaço torna-se uma barreira para a linha de fluxo que deveria passar diretamente pelo par de invólucros e causar perdas devido ao efeito de franja. O impacto destas folgas foi confirmado na redução do desempenho da válvula MR.

e. Modificação adicional da largura das tampas para evitar fugas na ligação entre a tampa e o invólucro da válvula que cria um canal de fluxo no espaço do canto. Atualmente, para evitar fugas a partir do canal de escoamento do espaço do canto, a tampa foi concebida com um cotovelo de vala dupla com uma profundidade de cerca de 1 mm. Se considerarmos um aumento da largura das tampas para 12 mm, isso levará a um aumento da profundidade da vala para 3 mm, o que tenderá a evitar a possibilidade de fugas no espaço do canto. A sugestão de alterar a largura das tampas baseou-se no pressuposto de engenharia de que a criação da vala em cotovelo mais profunda no projeto proporcionará a estrutura mecânica adequada para evitar fugas.

REFERÊNCIAS

J.D. Carlson, M.R. Jolly, Dispositivos de fluido, espuma e elastómero para RM, Mecatrónica. 10 (2000) 555-569. doi:10.1016/S0957-4158(99)00064-1.

D.J. Klingenberg, Magnetorheology: applications and challenges, AIChE J. 47 (2001) 246-249. doi:10.1002/aic.690470202.

X. Zhu, X. Jing, L. Cheng, Amortecedores de fluido magnetoreológico: uma revisão sobre conceção e análise de estruturas, J. Intell. Mater. Syst. Struct. 23 (2012) 839-873. doi:10.1177/1045389X12436735.

J. Rabinow, The magnetic fluid clutch, Trans. Am. Inst. Electr. Eng. 67 (1948) 1308-1315. doi:10.1109/t-aiee.1948.5059821.

J.D. Carlson, Critical factors for MR fluids in vehicle systems, Int. J. Veh. Des. 33 (2003) 207. doi:10.1504/IJVD.2003.003572.

T. Tse, C.C. Chang, amortecedor magnetoreológico rotativo de modo de cisalhamento para experiências de controlo estrutural em pequena escala, J. Struct. Eng. 130 (2004) 904. doi:10.1061/(ASCE)0733-9445(2004)130:6(904).

J.D. Carlson, W. Matthis, J.R. Toscano, Próteses inteligentes baseadas em fluidos magnetorheológicos, em: Proc. SPIE, SPIE, 2001: pp. 308-316. doi:10.1117/12.429670.

A. Giorgetti, N. Baldanzini, M. Biasiotto, P. Citti, Conceção e teste de um Amortecedor rotacional MRF para aplicações em veículos, Smart Mater. Struct. 19 (2010) 065006. doi:10.1088/0964-1726/19/6/065006.

K.H. Gudmundsson, F. Jonsdottir, F. Thorsteinsson, Uma abordagem geométrica otimização de um travão rotativo magneto-reológico num joelho protético, Smart Mater. Struct. 19 (2010) 035023. doi:10.1088/0964-1726/19/3/035023.

B. Liu, W.H. Li, P.B. Kosasih, X.Z. Zhang, Desenvolvimento de um dispositivo háptico baseado em travões MR, Smart Mater. Struct. 15 (2006) 1960-1966. doi:10.1088/0964-1726/15/6/052.

B.F.S. Jr, S.J. Dyke, M.K. Sain, J.D. Carlson, Phenomenological model of a magnetorheological damper, ASCE Jounal Eng. Mech. (1996) 1-23.

S. Yokota, K. Yoshida, Y. Kondoh, Uma válvula de controlo de pressão utilizando fluido MR, Proc. JFPS Int. Symp. Fluid Power. 1999 (1999) 377-380. doi:10.5739/isfp.1999.377.

K. Yoshida, H. Takahashi, S. Yokota, M. Kawachi, K. Edamura, Um sistema de controlo de movimentos acionado por foles utilizando um fluido magneto-reológico, Proc. JFPS Int. Symp. Fluid Power. 2002 (2002) 403-408. doi:10.5739/isfp.2002.403.

J. Yoo, N.M. Wereley, Design of a high-efficiency magnetorheological valve, J. Intell. Mater. Syst. Struct. 13 (2002) 679. doi:10.1177/104538902031988.

X. Wang, F. Gordaninejad, G.H. Hitchcock, K. Bangrakulur, A. Fuchs, J. Elkins, et al., A new modular magneto-rheological fluid valve for large-scale seismic applications, Smart Sturctures Mater. 5386 (2004) 226-237. doi:10.1117/12.540275.

A. Grunwald, A.G. Olabi, Design of magneto-rheological (MR) valve, Sensors Actuators A Phys. 148 (2008) 211-223. doi:10.1016/j.sna.2008.07.028.

H.X. Ai, Conceção e modelação de uma válvula magnetoreológica com trajectórias de fluxo anulares e radiais, J. Intell. Mater. Syst. Struct. 17 (2006) 327-334. doi:10.1177/1045389X06055283.

D.H. Wang, H.X. Ai, W.H. Liao, Uma válvula magnetoreológica com folgas anulares e radiais de resistência ao fluxo de fluido, Smart Mater. Struct. 18 (2009) 115001. doi:10.1088/0964-1726/18/11/115001.

S. John, A. Chaudhuri, N.M. Wereley, Um sistema de atuação magnetoreológico: teste e modelo, Smart Mater. Struct. 17 (2008) 025023. doi:10.1088/0964-1726/17/2/025023.

M.Y. Salloom, Z. Samad, Válvula de controlo direcional magneto-reológica, Int. J. Adv. Manuf. Technol. 58 (2011) 279-292. doi:10.1007/s00170-011-3377-4.

Q.H. Nguyen, S.B. Choi, N.M. Wereley, Optimal design of magnetorheological valves via a finite element method considering control energy and a time constant, Smart Mater. Struct. 17 (2008) 025024. doi:10.1088/0964-1726/17/2/025024.
F. Imaduddin, S.A. Mazlan, H. Zamzuri, I.I.M. Yazid, Conceção e análise do desempenho de uma válvula magnetoreológica compacta com múltiplas folgas anulares e radiais, J. Intell. Mater. Syst. Struct. (2013). doi:10.1177/1045389X13508332.
S. Genc, Synthesis and properties of magnetorheological fluids, Universidade de Pittsburgh, 2002.
I. Ismail, S.A. Mazlan, H. Zamzuri, A.G. Olabi, Separação de partículas fluidas de fluido magnetorheológico em modo squeeze, Jpn. J. Appl. Phys. 51 (2012) 067301. doi:10.1143/JJAP.51.067301.
O. Ashour, C.A. Rogers, W. Kordonsky, Magnetorheological fluids: materials, characterization, and devices, J. Intell. Mater. Syst. Struct. 7 (1996) 123-130. doi:10.1177/1045389X9600700201.
C.W. Chen, Magnetisn and metallurgy of soft magnetic materials, Second Edi, Dover Publications, 1986.
M.R. Jolly, J.W. Bender, J.D. Carlson, G. Drive, Properties and applications of commercial magnetorheological fluids, Smart Sturctures Mater. (1998).
J. de Vicente, D.J. Klingenberg, R. Hidalgo-Alvarez, Magnetorheological fluids: a review, Soft Matter. 7 (2011) 3701. doi:10.1039/c0sm01221a.
B.D. Cullity, C.D. Graham, Introduction to magnetic materials, 2ª ed., John Wiley & Sons, 2011.
S.T. Lim, M.S. Cho, I.B. Jang, H.J. Choi, M.S. Jhon, Magnetorreologia de suspensões de carbonil-ferro com enchimento de tamanho submicrónico, IEEE Trans. Magn. 40 (2004) 3033-3035. doi:10.1109/TMAG.2004.830400.
I.I.M. Yazid, Novo amortecedor magnetoreológico utilizando a combinação dos modos de funcionamento de cisalhamento e compressão, Universiti Teknologi Malaysia, 2013.
Dados técnicos, MRF-140CG Fluido magneto-reológico, Lord Prod. Sel. Orient. Lord Magnetorheol. Fluids. 74 (2008) 5-6. doi:OD DS7012 (Rev.1 7/08).
Dados técnicos, MRF-132DG Fluido magneto-reológico, Lord Prod. Sel. Orient. Lord Magnetorheol. Fluids. 54 (2011) 11. doi:)D DS7015 (Rev.1 11/11).
Dados técnicos, MRF-122EG Fluido magneto-reológico, Lord Prod. Sel. Orient. Lord Magnetorheol. Fluids. 48 (2008) 7-8. doi:OD DS7027 (Rev.1 7/08).
B.J. de Gans, H. Hoekstra, J. Mellema, Comportamento magnetorheológico não linear de um ferrofluido inverso, Faraday Discuss. 112 (1999) 209-224. doi:10.1039/a809229j.
K. Butter, P.H. Bomans, P.M. Frederik, G.J. Vroege, A.P. Philipse, Diret observation of dipolar chains in ferrofluids in zero field using cryogenic electron microscopy, J. Phys. Condens. Matter. 15 (2003) 18-19. doi:10.1088/0953.
F.D. Goncalves, J.D. Carlson, Um modo de funcionamento alternativo para fluidos de RM com gradiente magnético, J. Phys. Conf. Ser. 149 (2009) 012050. doi:10.1088/1742-6596/149/1/012050.
S.A. Mazlan, I. Ismail, H. Zamzuri, and A.Y.A. Fatah, Compressive and tensile stresses of MRFs in squeeze mode, (2011) 327-337. doi:10.3233/JAE- 2011-1371.
E. Kostamo, J. Kostamo, J. Kajaste, M. Pietola, Válvula magnetoreológica em aplicações servo, J. Intell. Mater. Syst. Struct. 23 (2012) 1001-1010. doi:10.1177/1045389X12436732.
S. Kciuk, P. Martynowicz, Análise numérica e experimental da válvula magnetoreológica de aplicação especial, Solid State Phenom. 177 (2011) 102115. doi:10.4028/www.scientific.net/SSP.177.102.
F. Imaduddin, S.A. Mazlan, H. Zamzuri, A design and modelling review of rotary magnetorheological damper, Mater. Des. 51 (2013) 575-591. doi:10.1016/j.matdes.2013.04.042.
J.-H. Yoo, N.M. Wereley, Design of a High-efficiency Magnetorheological Valve, J. Intell. Mater. Syst. Struct. 00 (2002) 1-8.

doi:10.1106/104538902031988.
A. Hadadian, R. Sedaghati, E. Esmailzadeh, Otimização da conceção de válvulas de fluido magnetoreológico utilizando o método da superfície de resposta, J. Intell. Mater. Syst. Struct. 25 (2013) 1352-1371. doi:10.1177/1045389X13504478.
W.I. Kordonski, S.R. Gorodkin, A.V. Kolomentsev, V.A. Kuzmin, A.V. Lukianovich, N.A. Protasevich, et al., Magnetorheological valve and devices incorporating magnetorheological elements, 5353839, 1994.
S. Gorodkin, A. Lukianovich, W. Kordonski, Válvula de estrangulamento magnetoreológica em sistemas de amortecimento passivos, J. Intell. Mater. Syst. Struct. 9 (1998) 637641. doi:10.1177/1045389X9800900809.
A.Y.A. Fatah, S.A. Mazlan, K. Tsutoshi, H. Zamzuri, M.J. Zaenali, F. Imaduddin, A review of design and modeling of magnetorheological valve, Int. J. Mod. Phys. B. 29 (2015) 1-35. doi:10.1142/S0217979215300042.
N.C. Rosenfeld, N.M. Wereley, Volume-constrained optimization of magnetorheological and electrorheological valves and dampers, Smart Mater. Struct. 13 (2004) 1303-1313. doi:10.1088/0964-1726/13/6/004.
G. Aydar, X. Wang, F. Gordaninejad, Um novo amortecedor de fluido magneto-reológico controlável em duas direcções, Smart Mater. Struct. 19 (2010) 1-7. doi:10.1088/0964-1726/19/6/065024.
F. Imaduddin, S. Amri Mazlan, M. Azizi Abdul Rahman, H. Zamzuri, B. Ichwan, Uma válvula magnetoreológica de elevado desempenho com um percurso de fluxo sinuoso, Smart Mater. Struct. 23 (2014) 065017. doi:10.1088/0964- 1726/23/6/065017.
G.Z. Yao, F.F. Yap, G. Chen, W.H. Li, S.H. Yeo, MR damper and its application for semi-active control of vehicle suspension system, Mechatronics. 12 (2002) 963-973. doi:10.1016/S0957-4158(01)00032-0.
F. Gordaninejad, S.P. Kelso, Fail-Safe Magneto-Rheological Fluid Dampers for Off-Highway, High-Payload Vehicles, J. Intell. Mater. Syst. Struct. 11 (2000) 395-406. doi:10.1106/K90W-1A63-7QA7-6EH4.
D. Fischer, R. Isermann, Mechatronic semi-active and active vehicle suspensions, Control Eng. Pract. 12 (2004) 1353-1367. doi:10.1016/j.conengprac.2003.08.003.
G. Tsampardoukas, C.W. Stammers, E. Guglielmino, Controlo de equilíbrio híbrido de uma suspensão magnetoreológica de camião, J. Sound Vib. 317 (2008) 514-536. doi:10.1016/j.jsv.2008.03.040.
Ubaidillah, K. Hudha, H. Jamaluddin, Simulação e avaliação experimental de um controlo lógico fuzzy baseado em políticas de skyhook para um sistema de suspensão semi-ativo, Int. J. Struct. Eng. 2 (2011) 243-272.
Ubaidillah, K. Hudha, A. F. A. Kadir, Modelação, caraterização e controlo do seguimento da força de um amortecedor magnetoreológico sob excitação harmónica, Int. J. Model. Identif. Control. 13 (2011) 9-20.
A. Milecki, M. Hauke, Application of magnetorheological fluid in industrial shock absorbers, Mech. Syst. Signal Process. 28 (2012) 528-541. doi:10.1016/j.ymssp.2011.11.008.
K. Karakoc, E.J. Park, A. Suleman, Design considerations for an automotive magnetorheological brake, Mechatronics. 18 (2008) 434-447. doi:10.1016/j.mechatronics.2008.02.003.
B.F. Spencer, T.T. Song, Novas aplicações e desenvolvimento de técnicas de controlo ativo, semi-ativo e híbrido para vibrações sísmicas e não sísmicas nos EUA, Proc. Int. Post-SMiRT Conf. Semin. Seism. Isol. (1999) 1-22.
A. Dominguez, R. Sedaghati, I. Stiharu, Modelação e aplicação de amortecedores MR em estruturas semi-adaptativas, Comput. Struct. 86 (2008) 407-415. doi:10.1016/j.compstruc.2007.02.010.
G. Yang, H.J. Jung, B.F. Spencer, Modelo dinâmico de amortecedores MR em escala real para aplicações em engenharia civil, J. Eng. Mech. 130 (2004) 11071114.
W.H. Li, X.Y. Wang, X.Z. Zhang, Y. Zhou, Desenvolvimento e análise de um amortecedor

de rigidez variável utilizando uma bexiga MR, Smart Mater. Struct. 18 (2009) 074007. doi:10.1088/0964-1726/18/7/074007.
K.H. Gudmundsson, Conceção de um fluido magnetoreológico para um atuador de joelho protésico de RM com uma geometria óptima, Universidade da Islândia, 2011.
P.B. Nguyen, S.B. Choi, Uma nova abordagem à análise de circuitos magnéticos e a sua aplicação à conceção óptima de um travão magnetoreológico bidirecional, Smart Mater. Struct. 20 (2011) 125003. doi:10.1088/0964-1726/20/12/125003.
J.H. e W. Yoo, Desempenho de uma potência hidráulica magnetoreológica
Sistema de acionamento, J. Intell. Mater. Syst. Struct. 15 (2004) 847-858. doi:10.1177/1045389X04044536.
M.Y. Salloom, Z. Samad, Conceção e modelação de uma válvula de controlo direcional magnetoreológica, J. Intell. Mater. Syst. Struct. 23 (2011) 155-167. doi:10.1177/1045389X11432654.
A. Qelik, a. Fatih Yetim, A. Alsaran, M. Karakan, Efeito do tratamento magnético na vida à fadiga do aço AISI 4140, Mater. Des. 26 (2005) 700-704. doi:10.1016/j.matdes.2004.09.003.
M.Y. Salloom, Z. Samad, Modelação por elementos finitos e simulação do projeto proposto de uma válvula magneto-reológica, Int. J. Adv. Manuf. Technol. 54 (2010) 421-429. doi:10.1007/s00170-010-2963-1.
N.Q. Guo, H. Du, W.H. Li, Análise de Elementos Finitos e Avaliação de Simulação de uma Válvula Magnetorreológica, Int. J. Adv. Manuf. Technol. 21 (2003) 438-445. doi:10.1007/s001700300051.
A. Dominguez, R. Sedaghati, I. Stiharu, Um novo modelo de histerese dinâmica para amortecedores magnetoreológicos, Smart Mater. Struct. 15 (2006) 1179-1189. doi:10.1088/0964-1726/15/5/004.
F. Ikhouane, S.J. Dyke, Modelação e identificação de um amortecedor magnetoreológico em modo de cisalhamento, Smart Mater. Struct. 16 (2007) 605-616. doi:10.1088/0964-1726/16/3/007.
L.X. Wang, H. Kamath, Modelação do comportamento histerético em fluidos e amortecedores magnetoreológicos utilizando a teoria da transição de fase, Smart Mater. Struct. 15 (2006) 1725-1733. doi:10.1088/0964-1726/15/6/027.
D.H. Wang, W.H. Liao, Magnetorheological fluid dampers: a review of parametric modelling, Smart Mater. Struct. 20 (2011) 023001. doi:10.1088/0964-1726/20/2/023001.
J. Bajkowski, J. Nachman, M. Shillor, M. Sofonea, Um modelo para um amortecedor magnetoreológico, Math. Comput. Model. 48 (2008) 56-68. doi:10.1016/j.mcm.2007.08.014.
C.R. Liao, D.X. Zhao, L. Xie, Q. Liu, Uma metodologia de conceção para um amortecedor de fluido magnetoreológico com base num modo de fluxo radial de várias fases, Smart Mater. Struct. 21 (2012) 085005. doi:10.1088/0964-1726/21/8/085005.
I.I.M. Yazid, S.A. Mazlan, T. Kikuchi, H. Zamzuri, F. Imaduddin, Conceção de um amortecedor magnetoreológico com uma combinação de modos de cisalhamento e compressão, Mater. Des. 54 (2014) 87-95. doi:10.1016/j.matdes.2013.07.090.
H. Hirani, C.S. Manjunatha, Performance evaluation of a magnetorheological fluid variable valve, Proc. Inst. Mech. Eng. Parte D J. Automob. Eng. 221 (2007) 83-93. doi:10.1243/09544070JAUTO408.
A.Z. Bin Pokaad, K. Hudha, M.Z.B.M. Nasir, N.A. Ubaidillah, Simulação e estudos experimentais sobre o comportamento de um amortecedor magnetoreológico sob carga de impacto, Int. J. Struct. Eng. 2 (2011) 164.doi:10.1504/IJSTRUCTE.2011.039422.
S.A. Mazlan, A. Issa, H. a. Chowdhury, A.G. Olabi, Conceção de circuitos magnéticos para experiências de modo de compressão em fluidos magnetoreológicos, Mater. Des. 30 (2009) 1985-1993. doi:10.1016/j.matdes.2008.09.009.S.A. Mazlan, N.B. Ekreem, A.G. Olabi, O desempenho do fluido magnetorheológico em modo squeeze, Smart Mater. Struct. 16 (2007) 1678-1682. doi:10.1088/0964-1726/16/5/021.

APÊNDICE A
DESENHOS CAD

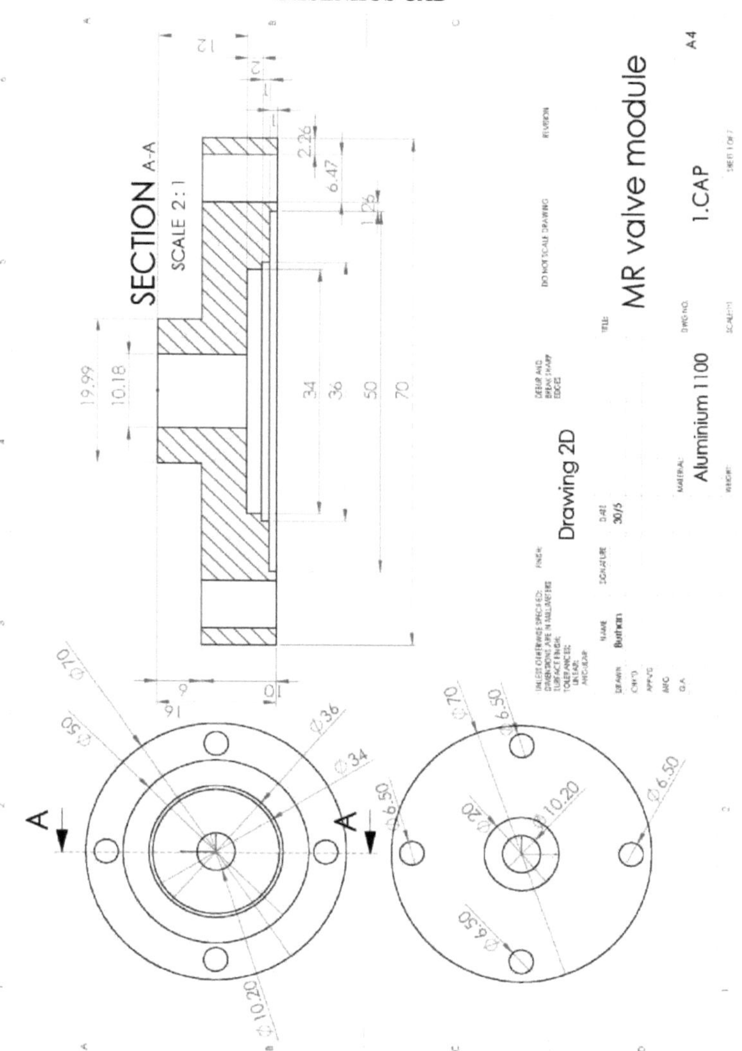

Figura A.l Desenho CAD da tampa

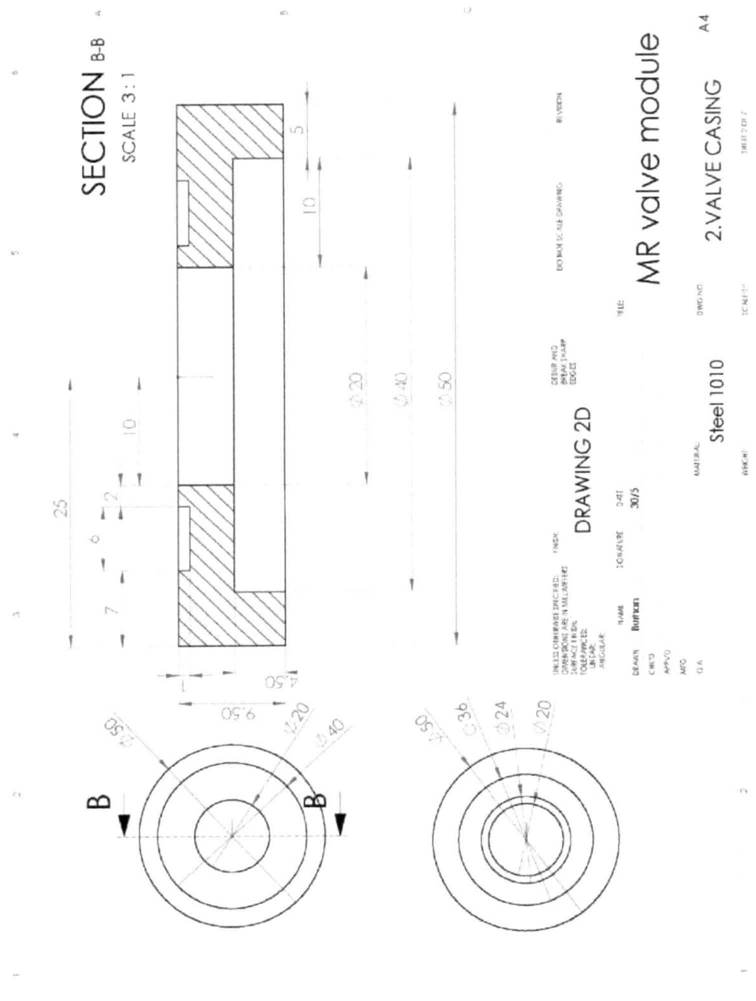

Figura A.2 Desenho **CAD** do invólucro da válvula

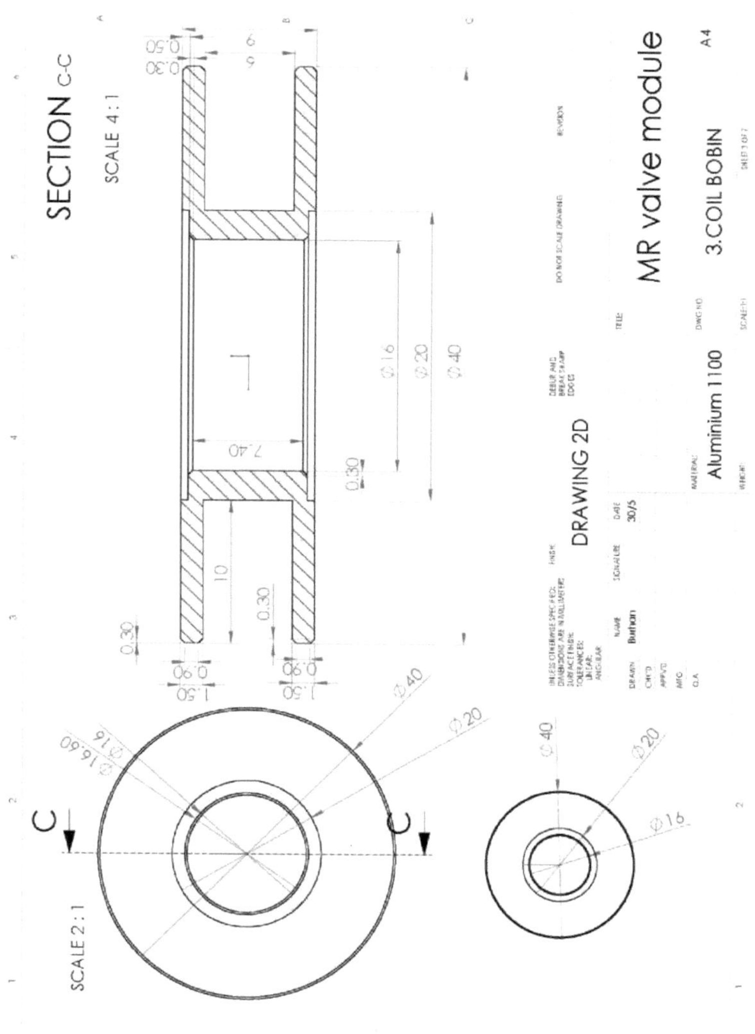

Figura A.3 Desenho CAD da bobina da bobina

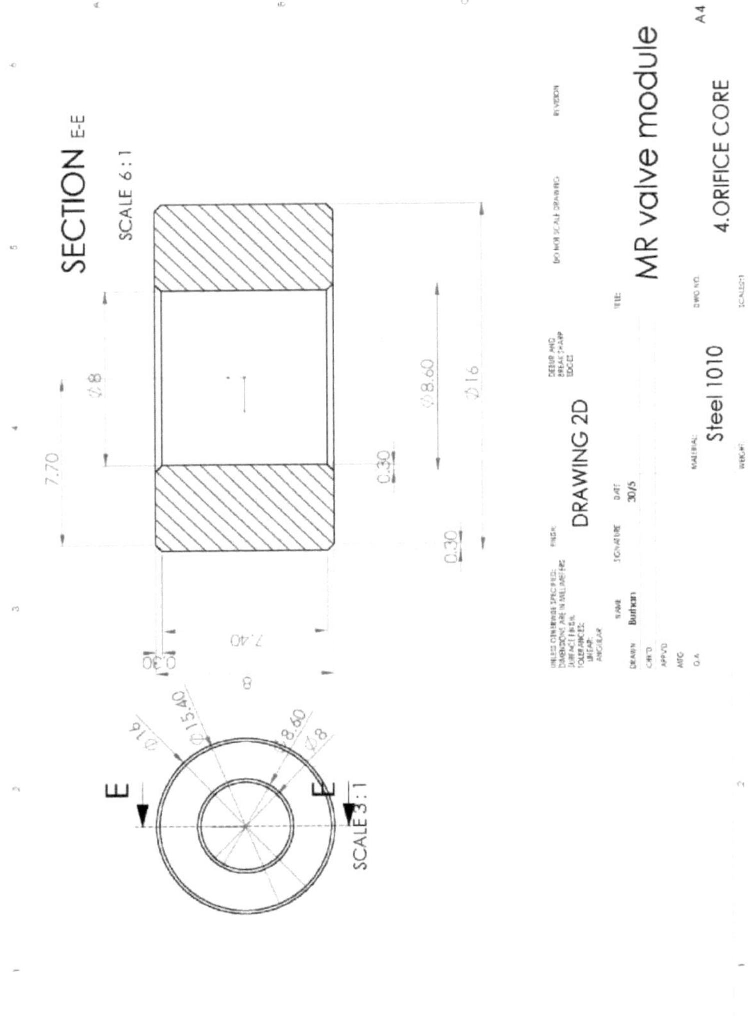

Figura A.4 Desenho CAD do núcleo do orifício

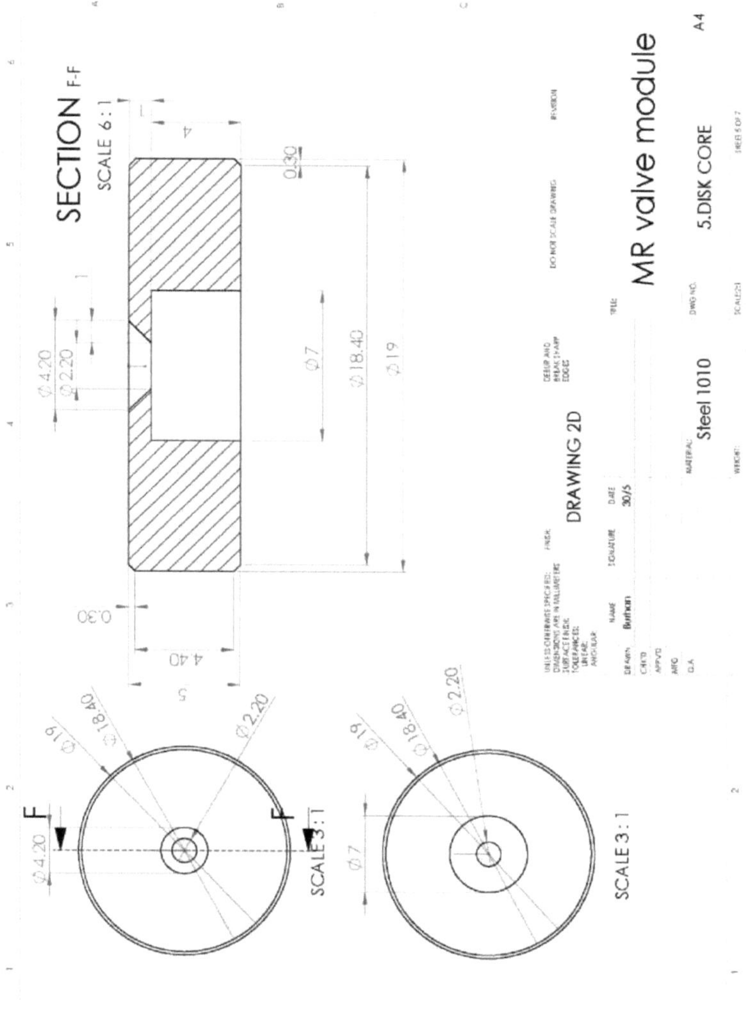

Figura A.5 Desenho CAD do núcleo do disco

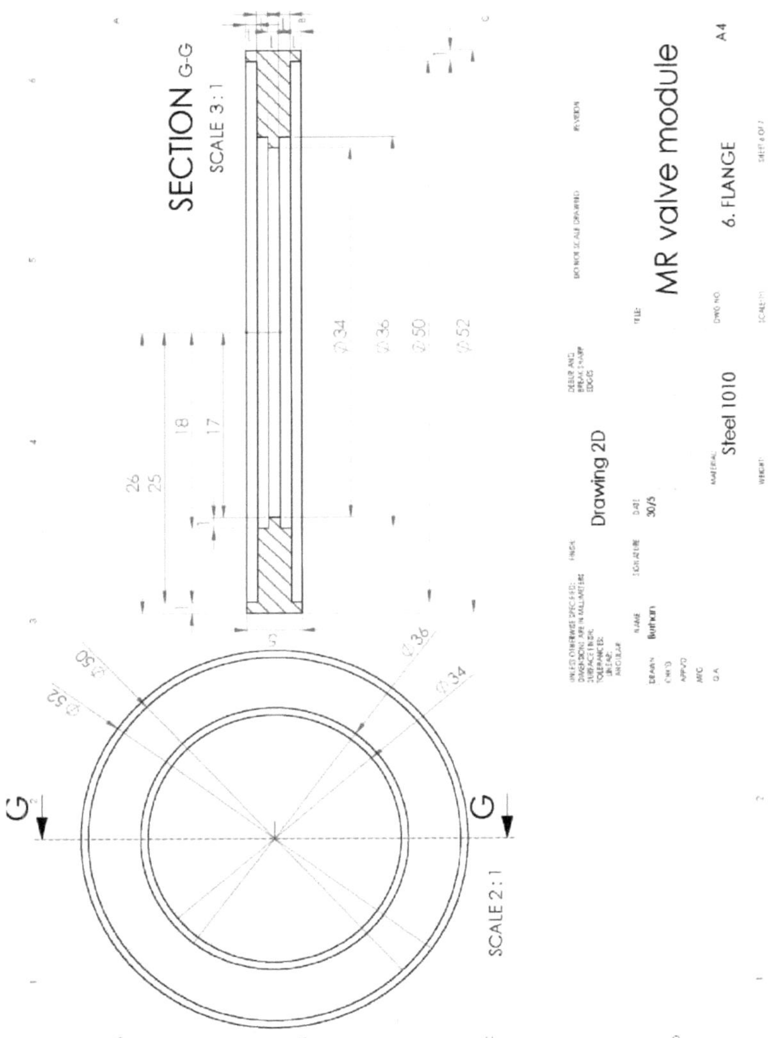

Figura A.6 Desenho **CAD** da flange

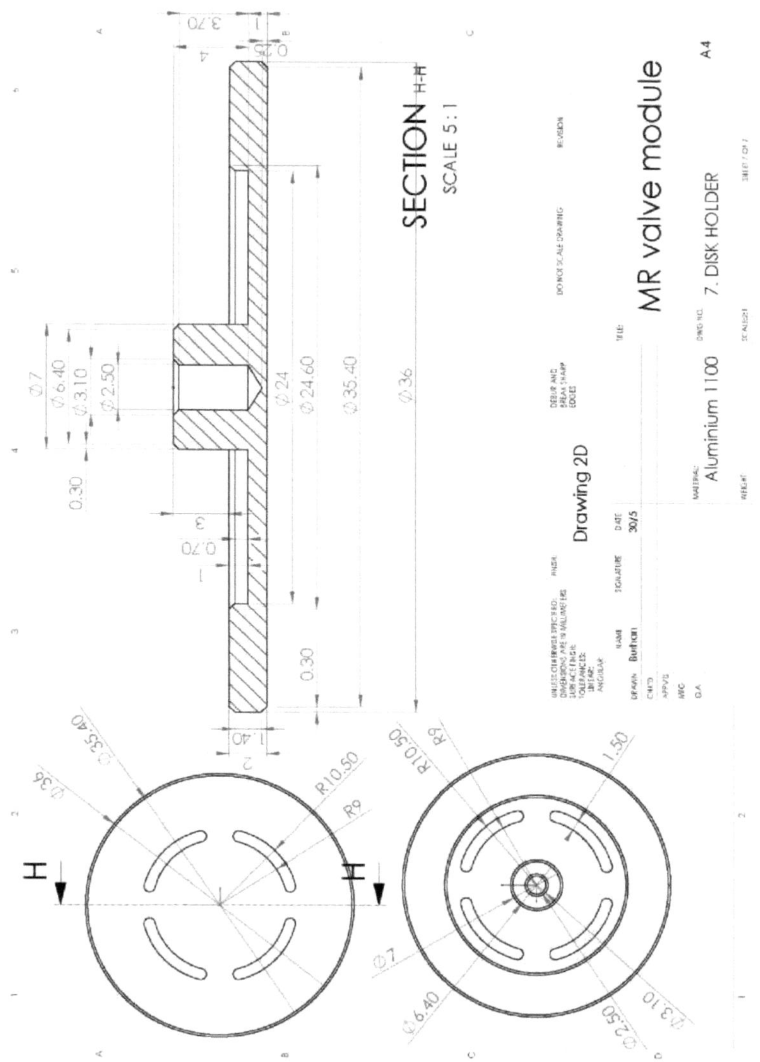

Figura A.7 Desenho CAD do suporte do disco

Printed by Books on Demand GmbH, Norderstedt / Germany